美味诀窍一目了然

甜点制作基础

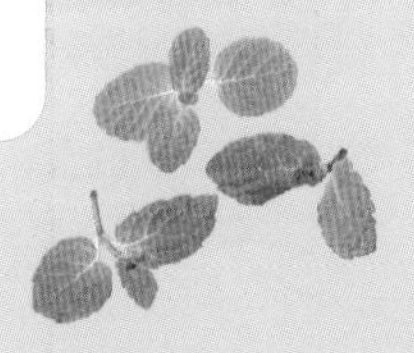

制作糕点必备的基础材料与工具

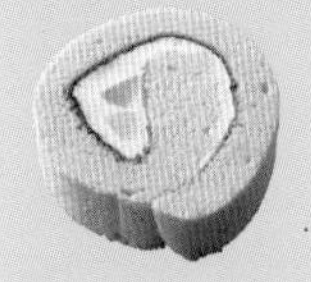

制作糕点时尽量选用新鲜的材料。
工具中也有一些家中常备的工具，
只需将没有的工具备齐就可以。

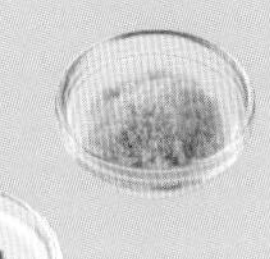

目录

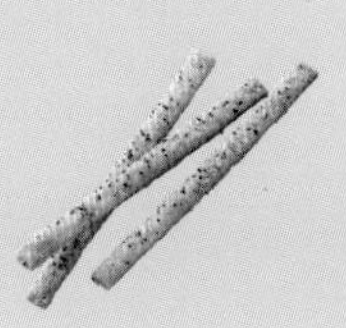

制作糕点的基础材料

制作糕点大多以面粉、黄油、砂糖和鸡蛋这 4 种材料为基础。
比例、搅拌顺序、搅拌方法不同，做出糕点的味道和口感也不同。
为了做出美味的糕点，也为了找到失败的原因，一定要熟知这 4 种材料的性质。

蛋白质比例在 12% 以上的面粉。蛋白质越多，越能让面糊变得硬挺，还能做出“柔软”“蓬松”的口感。也更能让人感受到面粉的香甜。

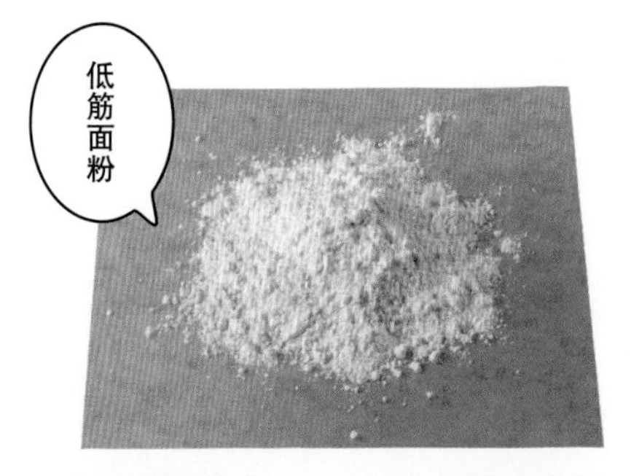

蛋白质比例在 8.5% 以下，蛋白质发挥作用越弱，糕点质地越细腻。可以做出轻盈、蓬松的口感，多用于制作糕点。

为什么使用高筋面粉做手粉？

手粉是揉匀面包或司康等面团时避免面团黏在操作台或者擀面棒上的粉类。高筋面粉颗粒较大，容易散开，难以揉入面团，所以不会让面团黏住，非常适合用做手粉。但是，如果使用手粉过量，面团也会变硬。

面粉

制作糕点的“骨骼”

面粉支撑了糕点的面糊，用来制作“骨骼”。这是因为面粉中含有蛋白质的“面筋”，结构呈网目状，可以支撑鸡蛋等产生的气泡。面筋越多（或者充分利用面筋的作用）越能制作硬挺的面糊。面筋中倒入水分，或加热或增加搅拌次数后做出柔软的面糊，关键在于适当的温度和搅拌方法。

水分和加热能产生黏性

面粉的另一个鲜明特点就是倒入水分加热后会产生黏性，出现“糊化”现象，这是面粉中的“淀粉”起到的作用。比如泡芙面糊，黄油沸腾后边放入面粉搅拌边继续加热到85℃，这样就能做出柔软、有弹性的面糊。

面粉可以根据含有蛋白质的多少来分类，一般分为高筋面粉、中筋面粉（用于乌冬面等）和低筋面粉3种。

黄油的性质和温度

巧妙利用黄油的性质，关键在于控制温度。提前准备时，一定要确认需要将黄油准备成什么样的状态。

起泡性 ▶ **室温下回温打发**
例 磅蛋糕

起酥性 ▶ **室温下回温揉匀**
例 冰箱饼干

延展性 ▶ **冷却后分割叠加**
例 派、司康

黄油

与风味、味道和口感息息相关

黄油能给面糊带来浓郁的风味和味道。下面介绍一下黄油在制作糕点时不可或缺的3大特点：第一是打发后混入空气的特点（起泡性）。这样烘烤时面糊会膨胀起来；第二是抑制面筋发挥作用的特点（起酥性）。利用这点可以做出酥脆的糕点；第三是自由变换形状的特点（延展性）。面包和司康就是利用这点，互相叠加做出层次。

糕点面筋的含量和黄油产生气泡量的关系

图表主要表述了在阶段 2 中介绍的糕点面粉的面筋含量和黄油产生气泡量。面筋和水分的含量、搅拌方法和黄油的打发状态都关乎着糕点的口感。

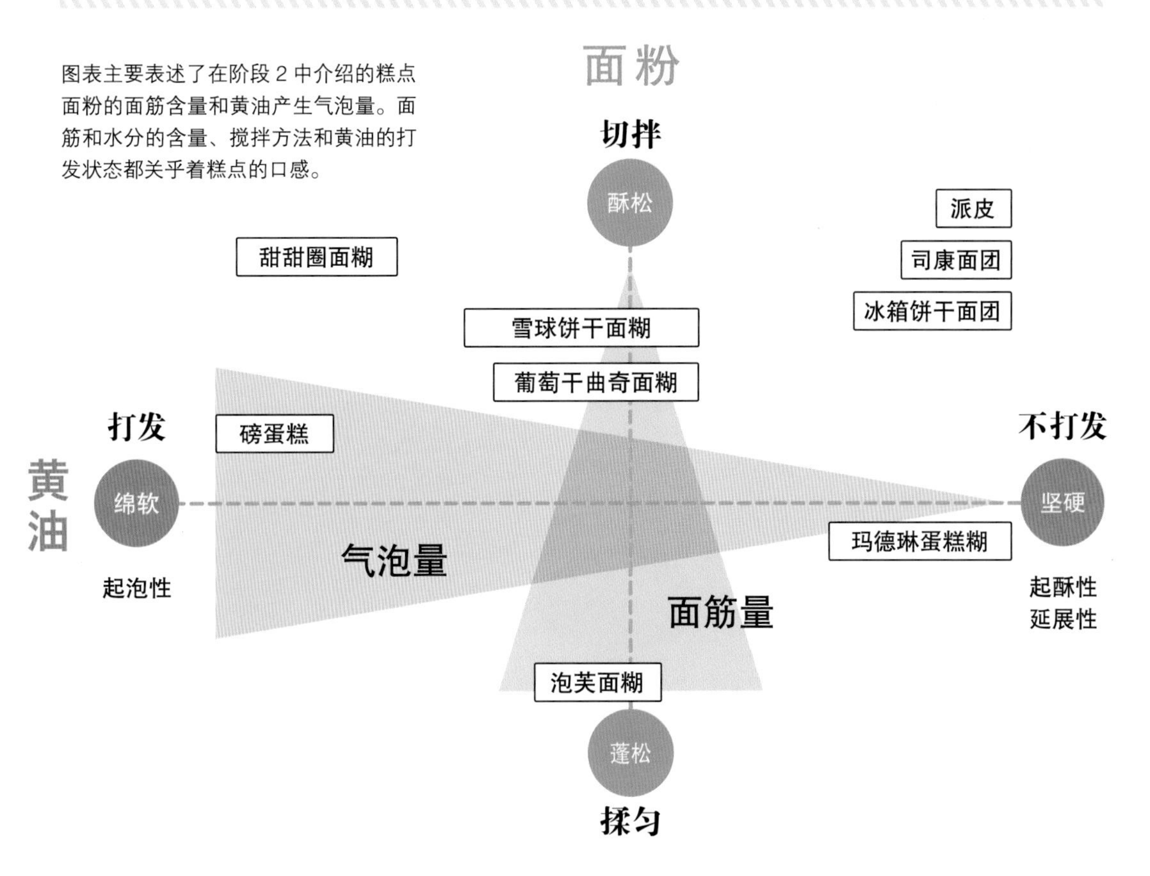

砂糖

除甜度以外，还有湿润感和保存性

砂糖除了有甜度之外，还有很多特点。能够稳定蛋液或淡奶油的打发状态就是其中一个。但是，放入过量砂糖会破坏气泡的薄膜，所以关键在于随着气泡的生成来放入适量的砂糖。绵润的口感和柔软的日式糕点都是利用了砂糖的保水性和保湿性。制作果酱是利用了保存性，烘烤糕点时散发的香味和烘烤的颜色，都和砂糖有关。

砂糖的各种特点

甜度	保湿性	保水性
气泡稳定性	保存性	烘烤颜色（焦糖化）

砂糖种类

三温糖

甘蔗榨汁，炖煮成黑砂糖之前的状态。味道浓郁，口感香甜。

糖粉

将细砂糖磨碎成粉末状。撒在糕点表面用来装饰。也有装饰用的防潮糖粉。

白砂糖

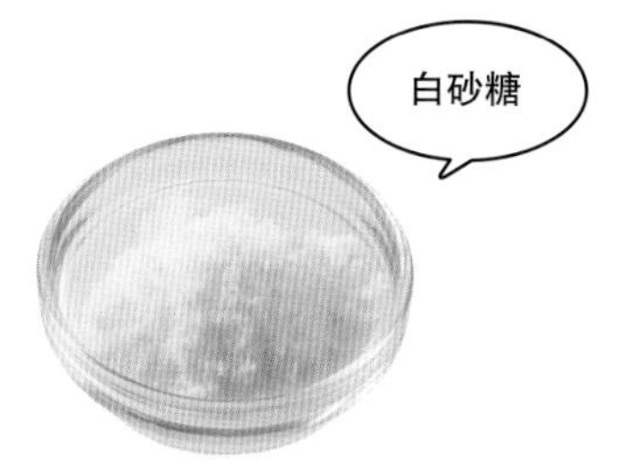

家中常备的普通砂糖。本书中主要使用白砂糖。绵软湿润、甜而不腻。

将海绵蛋糕的砂糖分量大幅减少会怎么样?

不仅使蛋糕没有甜味，还会导致蛋液容易消泡，蛋糕不再柔软和蓬松。另外，蛋糕无法上色，没有绵润的口感，也难以保存。

黑砂糖

甘蔗榨汁，无需精炼，炖煮凝固而成。味道浓郁香甜，富含矿物质。

细砂糖

精炼度高，质地蓬松，易融化。味道甘甜，没有异味，常用于制作凸显自身味道的糕点。

黄油和蛋液均匀混合的方法是什么？

蛋液含有水分，油脂含有油分，要一点点放入使其乳化，这样才不会油水分离。黄油内放入蛋液时，不能一次性全部放入，要分成几次放入。关键在于搅拌均匀，让蛋液融入油脂中。

鸡蛋

气泡让糕点变得绵软

鸡蛋（蛋液）内放入砂糖打发，表面张力变弱，变得更容易打发。蛋白具有“起泡性”，蛋白质经过打发可以混入空气，与空气接触后，气泡的薄膜变强，这是“空气变性”，放入砂糖可以打发成稳定的蛋白霜。另外，蛋液加热到60℃以后开始凝固，放入砂糖或者油脂，凝固方法也不相同。本书使用的是普通鸡蛋（1个50g）。

糕点面筋含量和蛋液气泡的关系

将在阶段 3 介绍的糕点面粉的面筋含量和蛋液气泡含量的关系，这里用图表来表示。蛋液打发后能做出蓬松的口感，不打发则口感紧实。

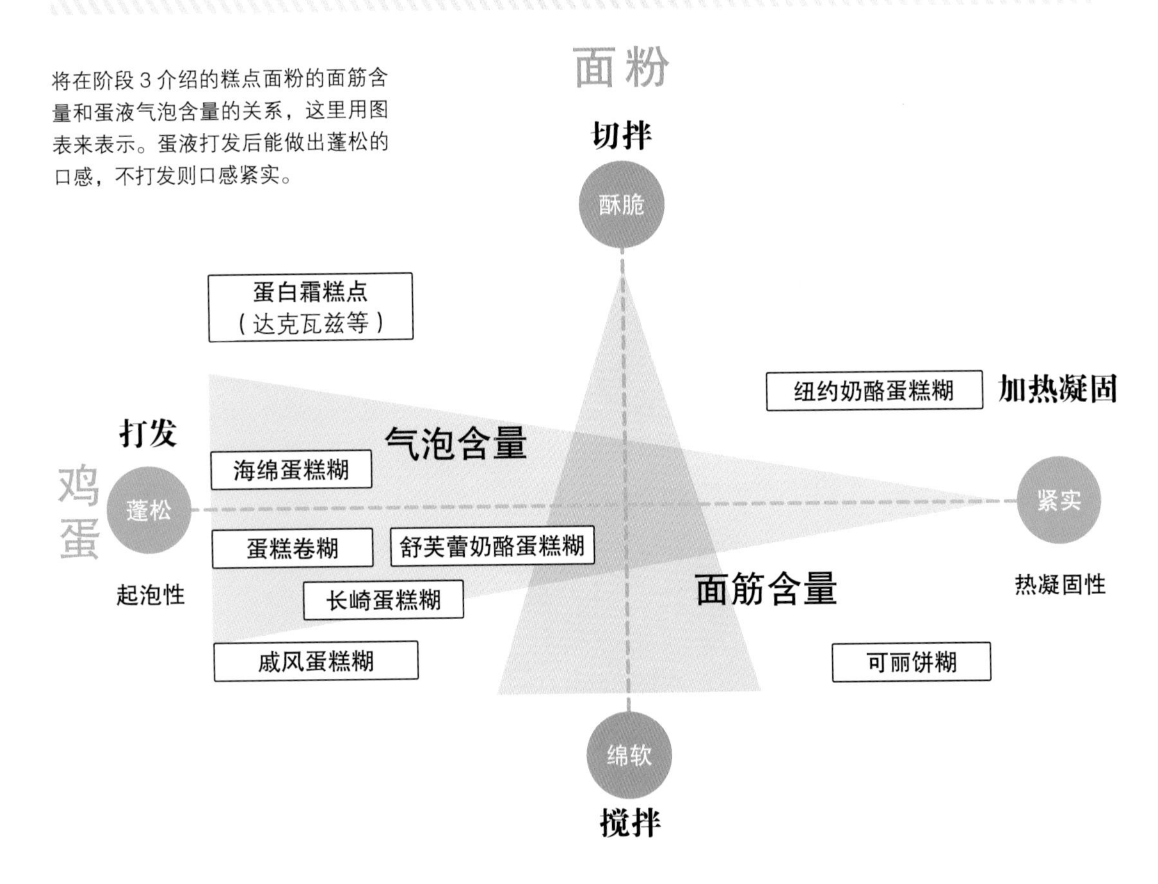

制作糕点的常用材料

介绍了本书中常用的其他材料。了解材料的特点，制作糕点才会事半功倍。

淡奶油

将牛奶的脂肪和蛋白质浓缩、分离做成。乳脂含量越高，味道越浓厚。打发淡奶油时，放入适量砂糖更易于打发，碗底放上冰水冷却，打发到顺滑。另外，打发后稍微冷却一下，打发状态更稳定。本书一般使用乳脂含量 47% 的淡奶油。

● 淡奶油的乳脂含量和用途

35% 清爽的慕斯
42% 装饰
47% 烘烤糕点、巧克力糕点、味道浓郁的糕点

● 装饰诀窍

①冷却后使用

打发淡奶油时，混入室温的空气，温度会上升。不要直接使用，冷藏一会儿，稳定淡奶油的温度，这样给蛋糕抹面（涂抹奶油）时，奶油会非常平滑。

②放入原味酸奶

放入酸奶后，口感变得清爽。还会降低淡奶油的乳脂比例，不管重复打发几次，都能保持淡奶油的良好状态。

打发方法

碗内放入淡奶油和砂糖，碗底放上冰水，用打蛋器用力打发。

难以打发时，将碗从冰水中取出，将碗倾斜打发，再放入冰水中。

6 分发
小角无法立起，可横向卷起。
●慕斯等

7 分发
小角稍微立起。
●装饰等（抹面）

8 分发
小角直立。
●夹心、蛋糕卷
●装饰等（裱花）

甜味剂

蜂蜜

蜜源植物不同，味道和颜色也不尽相同。用来制作糕点时，更容易烤出恰到好处的颜色，口感绵润，保湿性较高。

枫糖浆

糖槭等树的汁液凝缩制成，富含矿物质。味道香甜，适合用来制作磅蛋糕或者华夫饼等。

水饴

将淀粉糖化，煮制而成。有黏性，防止砂糖结晶。让糕点的纹理和口感更好。有保湿性，所以能持久保存柔软的口感。

膨胀剂

泡打粉

让烘烤糕点均匀膨胀。这是泡打粉中的成分（碳酸氢钠）受热引起的化学反应，生成二氧化碳。放入糕点时，要和面粉均匀混合。为了让泡打粉充分发挥作用，一定要在3小时内完成。

苏打粉（碳酸氢钠）

和泡打粉相同，加热后能让糕点膨胀。本书中用来制作日式糕点。用来制作加热时间较短的糕点，味道独特。

油脂

油（色拉油、菜籽油等）

无需隔水加热融化，不像黄油那么黏稠，容易均匀混合。这样就会减少搅拌面糊的次数，难以破坏蛋液的气泡。也有抑制形成面筋的作用，口感更蓬松轻盈。冷藏糕点也难以凝固。

凝固剂

吉利丁

动物性骨胶原制成。质地顺滑，入口即化。速溶吉利丁，撒入液体（60℃以上）内能直接融化。将吉利丁粉撒入4~5倍的水中泡软，隔水加热融化，再撒入60℃以上的液体内。

琼脂

提取石花菜、发菜等海藻的黏液干燥制成。比吉利丁略硬，更有嚼劲。将沸腾的热水保持1~2分钟的90℃以上，完全煮融化后使用。即使常温下也难以融化，在本书中多用于制作日式糕点。

可可、巧克力

可可粉

可可液块中提取出一定量的可可黄油，剩下的磨成粉末。制作糕点时使用无糖可可粉。

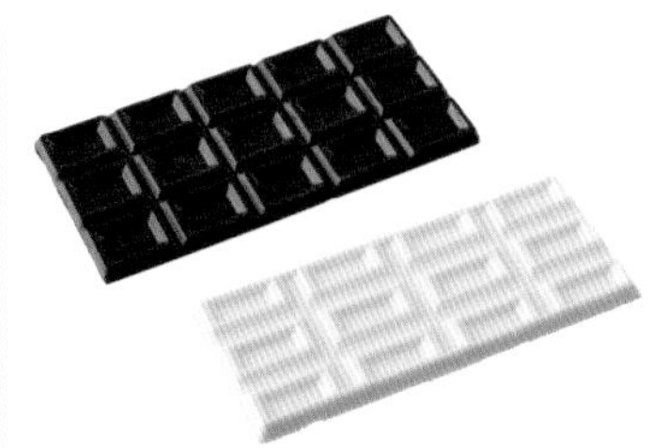

巧克力

原料是可可豆，含有可可液块、可可黄油、砂糖和乳脂等。巧克力主要分为甜巧克力（黑巧克力、纯巧克力）、牛奶巧克力和白巧克力3种。甜巧克力乳脂含量较少，牛奶巧克力乳脂含量较多，白巧克力不含可可黄油。制作糕点用的“调温巧克力”是指可可液块、可可黄油的比例符合国际标准的巧克力。本书中使用的是可可液块相对较多的板状甜巧克力（黑巧克力）。

奶酪

奶油奶酪

以淡奶油或者淡奶油和牛奶混合作为原料。特点是味道略酸，口感顺滑。味道较淡，常用于制作糕点。

卡门贝尔奶酪

表面覆盖一层白色霉菌的奶酪，质地黏稠，味道浓郁。制作糕点时，一般使用未经熟成的奶酪（已杀菌）。

果仁、果仁制品

杏仁粉

将去皮杏仁磨成粉末。混入蛋糕或者饼干面糊中，用来提香。

杏仁

带着薄皮的烘烤杏仁。用来装饰巧克力糕点。

椰蓉

将椰子的胚乳取出干燥，磨成粗粒。特点是口感独特，味道清香。

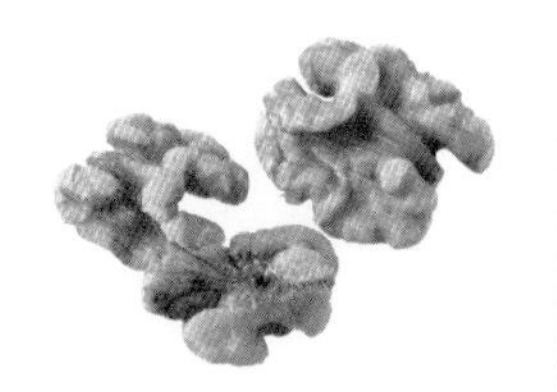

核桃

口感独特，味道浓郁，混入蛋糕糊或者巧克力糕点中，也可以用来装饰。

开心果

漆树科的落叶树木的果实。利用鲜艳的绿色来装饰巧克力糕点或者蛋糕。将制作糕点用的新鲜开心果略微炒一下再用。

南瓜籽

南瓜籽中绿色的部分可以食用。用来装饰蛋糕或者饼干。

调味品、香料

香草精

提取香草味道，合成香精。用来提香非常方便。

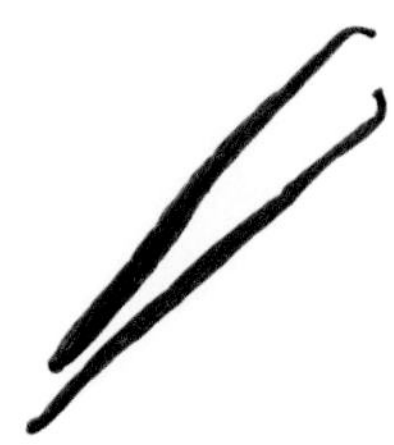

香草豆荚

属于兰科，多年生香草豆荚的果实。发酵、干燥后产生香甜的味道。纵向剖开豆荚，刮出香草籽使用。

肉桂粉

肉桂，属于樟科的常绿树木，将树皮干燥制成。特点是味道香甜、清新。

生姜

味道清新、辛辣，略有一丝甘甜，用来给烘烤糕点丰富味道或提香。

薄荷

畅快的清凉感，适合搭配果冻、果子露、巧克力等。

多香果

桃金娘科的植物，将果实或者叶子干燥后使用。味道醇香、辛辣。

莳萝

除了将纤细的叶子撕碎使用，也可以将干燥的种子（莳萝籽）放入蛋糕或者派中烘烤。

洋酒

朗姆酒

甘蔗制成的蒸馏酒。分为茶褐色的黑朗姆酒和无色的白朗姆酒。因为味道醇厚，适合搭配奶酪蛋糕或者巧克力等。

利口酒

将樱桃切碎，种子和果肉一起发酵，经过蒸馏、熟成后制成的酒。

桂花陈酒

白葡萄酒内混入桂花，一种中国的混合酒。味道清香，口感香甜。

君度酒

将橙子和香料一起放入酒精中浸泡，放入糖分制成。有着橙子的清香。也可以用白柑桂酒代替。

白兰地

葡萄制作的蒸馏酒。用来给糖浆、奶油酱提香调味。

白葡萄酒

用葡萄制造的酿造酒。白葡萄酒是只将果汁发酵而成。用来给慕斯提香。

水果制品

葡萄干

将完全成熟的葡萄干燥制成。甜度较高，有嚼劲。

橙皮

将橙子的皮用砂糖腌渍。切碎后混入蛋糕糊中，或者用来装饰。

杏干

酸甜可口。可以混入蛋糕糊中，也可以用来装饰巧克力糕点。

蔓越莓干

杜鹃花科植物的果实，日语叫做蔓苔桃。有着鲜艳的粉色，酸甜可口。

草莓干

将草莓的水分完全去除，锁住甜味。鲜艳的红色适合装饰巧克力糕点。容易吸收潮气，所以要密封保存。

无花果干

味道浓郁、香甜。除了用来制作糕点，做成下酒菜也很受欢迎。

日式糕点食材

柏叶

柏叶饼使用的柏叶，特点是没有新芽，也不是落叶，有子孙繁荣的意思。使用干叶子时，需要泡发后再用。

粳米粉

粳米放入水中泡软，干燥后磨成粉末。口感筋道，有弹性。用于制作柏叶饼、团子等。

红豆

豆科豇豆属的一年生草本植物。含有蛋白质、维生素 B1、维生素 B2、矿物质、食物纤维等。除制作日式糕点外，也能做成红豆饭、年糕红豆汤等。

盐渍樱叶

主要使用伊豆的大岛樱叶腌渍制成。既能让樱饼提香，又预防干燥。使用前要洗掉水分。

糯米粉

糯米放入水中磨碎，浸入水中压榨、干燥制成。味道柔和，口感软糯。用于制作求肥、糯米团子等。

抹茶

将碾茶（茶叶无需揉碎，直接烘干制成）磨成粉末。用于茶道。容易产生疙瘩，所以要先和粉类或者砂糖混合，再和水分搅拌。用于制作饼干等西式糕点。

日式糕点的粉类如何保存？

粉类放入可以密封的保存容器中，放在阴凉干燥的地方保存。夏季可以放入冰箱中冷藏保存，但是附近不要放置味道强烈的食材。抹茶不耐光、不耐热，容易吸收香味，需要冷冻保存。

道明寺粉

糯米放入水中蒸煮，干燥后磨成颗粒状。用于制作关西风味的樱饼，也用于制作荻饼。

甘露煮栗子

砂糖和水等做成糖水，将栗子煮熟。用于制作本书中的蒸羊羹，也可以用来制作蒙布朗等西式糕点。

制作糕点的基础工具

这里介绍了本书中制作糕点使用的工具。平底锅、煮锅等也可以用于普通料理。

量杯

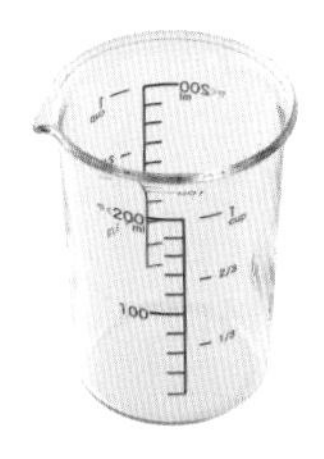

称量淡奶油、果汁等液体时使用。本书的配方中 1 杯是 200ml。

称量方法

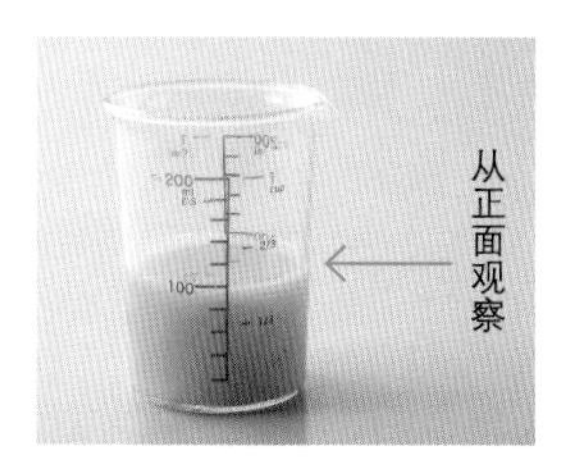

将量杯放在平坦的地方，从正面观察刻度。从斜上方或者斜下方观察都可能出现误差。

定时器

测量加热时间或者搅拌时间时使用。材料状态不能仅凭时间确定，也要认真观察。

量勺

称重泡打粉等少量材料时需要的工具。一般 1 大勺为 15ml，1 小勺为 5ml。

称重方法

1 大勺、1 小勺

先将量勺盛满，用勺柄平行刮过，将表面刮平。

1/2 大勺、1/2 小勺

将表面刮平后，将勺柄插入一半量的地方，取出一半的量。

电子秤

称量粉类、砂糖等材料的重量时的必备工具。

称重方法

放入容器称重时，放上空的容器，设为 0g。

将材料放入容器称重。

打蛋器

打发蛋液、淡奶油或者搅拌材料时使用。约 23cm 的长度使用更方便。虽然钢丝数目越多越容易打发，但还需要自己握住握柄酌情打发。

电动打蛋器

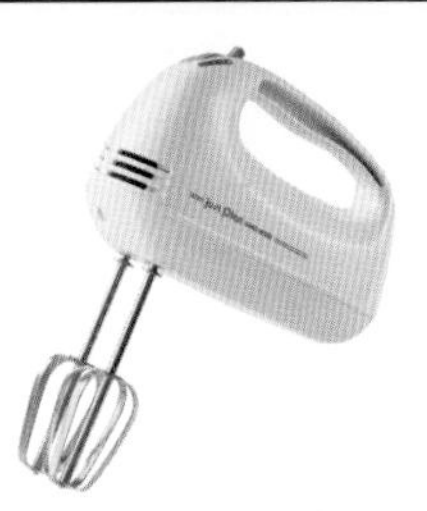

打发蛋液或者淡奶油时要比手动的打蛋器搅拌力度更大，也可以转换速度来调整纹路。根据做法中标注的力度制作糕点。产品不同，力度也有所不同，要边打发边观察打发状态。建议使用较宽的搅拌棒。

滤网

过筛粉类或者将材料过滤到顺滑时使用。另外，也可以将用水洗过的材料沥干水分，使用非常方便。

橡胶刮刀(大、小各1个)

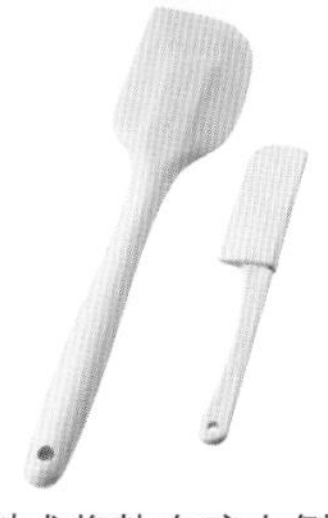

搅拌材料或将粘在碗内侧的材料刮下拢起时使用。材质耐热，刮刀和刀柄连成一体的刮刀更方便使用。将材料倒入小号模具中时使用小号刮刀更方便。

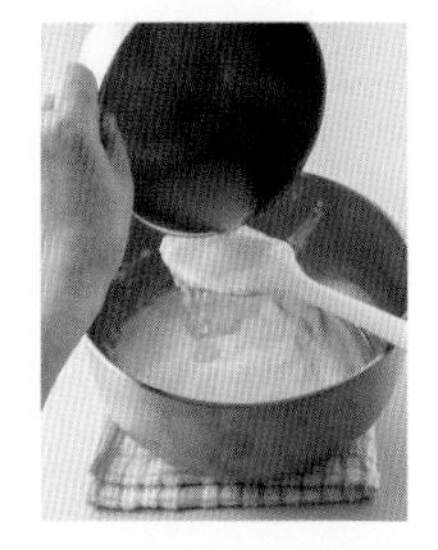

融化的黄油顺着橡胶刮刀倒入面糊，搅拌均匀。

木铲

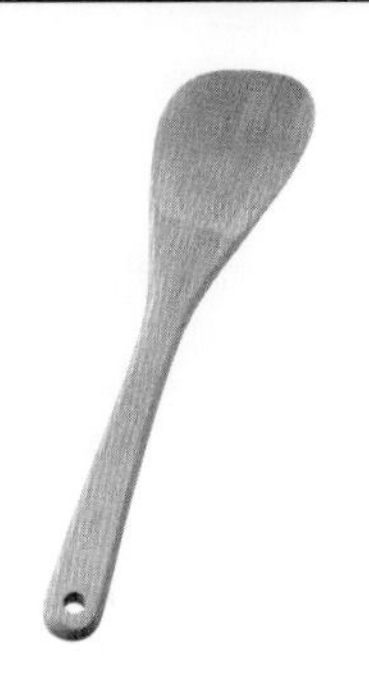

除了用于边加热边搅拌锅中的材料，还可以用来搅拌年糕、果汁等材料，也可以揉匀材料时使用。因为木铲容易沾染味道，使用后要清洗干净，完全晾干。

碗(大、中、小各1个)

搅拌材料、揉匀、打发淡奶油或者蛋白等制作糕点时必不可少的工具。准备直径 20cm 的小号、直径 24cm 的中号、直径 27cm 的大号 3 种尺寸，根据分量和用途分别使用。最好选用热传导性好的不锈钢材质。

建议使用侧面近乎垂直、口径较深的碗。适用于打发材料，可以均匀打发。分量较多或者用力打发时，将抹布铺在碗底，使碗保持稳定，这样方便用力。

方盘(大、中、小各1个)

除了放入材料，还可以将果子露或者冰淇淋冷却凝固，也可以将年糕铺开放凉时使用。准备 22cm×16cm 的小号、24cm×18cm 的中号、27cm×21cm 的大号 3 种尺寸。

平底锅

烘烤磅蛋糕、年轮蛋糕、铜锣烧、樱饼皮（关东风味）时使用。本书中使用直径20cm和直径26cm的平底锅。带有锅盖的平底锅或者煮锅用途更广。建议使用特氟龙涂层的平底锅。

单手锅

制作泡芙、慕斯、果冻等时使用。本书使用直径16cm的小锅。

双耳锅

巧克力调温或者煮红豆时使用。本书使用直径20cm的双耳锅。

汤勺

本来是用餐时使用，也可以用于舀起材料放在烤盘上，煮红豆时撇去浮沫。

刀、蛋糕刀

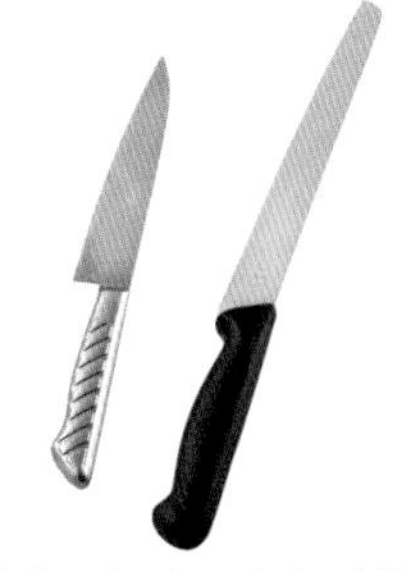

分切水果、切碎巧克力时使用刀，将烘烤完毕的蛋糕切片或者分切时使用蛋糕刀。带有波纹的刀可以将奶油蛋糕等质地柔软的糕点干净地分切开来。

蒸锅

蒸柏叶饼、温泉馒头时使用。使用两层蒸锅时，倒入锅内5～6分满的水。从蒸锅中散发出大量的水蒸气，将材料放在上层笼屉中蒸熟。一定要在锅盖上盖上抹布，这样水蒸气不会落入锅内。

刮板

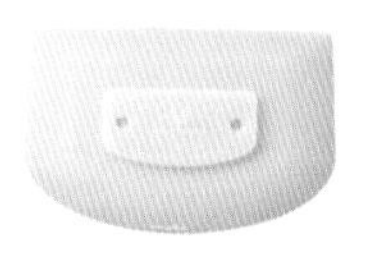

平直的一边可以用于抹平倒入模具或者烤盘中的材料，也可以分割揉成团的材料。弯曲的一边可以刮下粘在碗上的材料，也可以制作派或者司康时边切碎黄油边拌入面粉。

擀面棒

将材料捶打、擀开，制作派或者塔时使用。使用难以粘上材料的木质擀面棒，直径4cm、长30~40cm的刮板使用更方便。

将擀开的面团移到烤盘或者模具中时，可以将面团搭在擀面棒上移过去。

圆形模具

制作海绵蛋糕或者奶酪蛋糕时使用。活底模具更容易将蛋糕脱模。本书使用直径 15cm 的模具。

改变模具尺寸时
直径 12cm →材料的 3/4
直径 18cm →材料的 1½ 倍
直径 21cm →材料的 2 倍

磅蛋糕模具

烘烤磅蛋糕时使用。本书使用 17cm×7cm×6cm 的模具。

戚风蛋糕模具

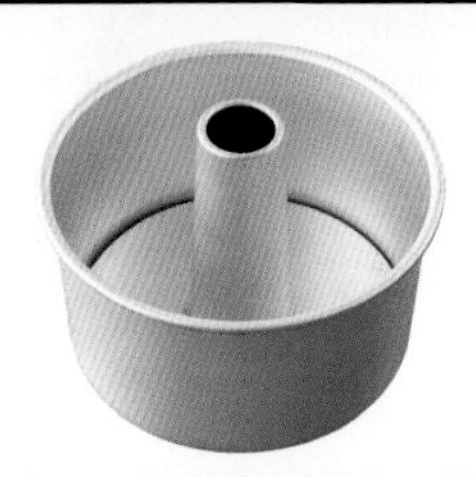

烘烤戚风蛋糕的专用模具。做成圆圈形状，从中间也能传导热的结构。底部是活底，拿取非常方便。本书使用直径 21cm 的模具。比起硅胶、特氟龙涂层，建议选用铝质模具。

蛋糕架

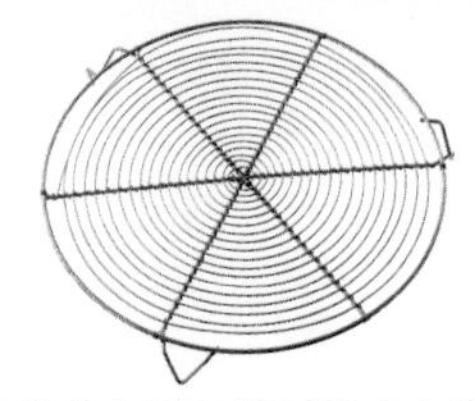

将蛋糕或者饼干等刚烤出来的糕点放在蛋糕架上，放凉备用。底部是钢丝圈，使蛋糕底部可以接触空气，能快速散热、放凉。

竹签

检查烘烤状态时将竹签插入蛋糕或者刺破戚风蛋糕糊的大气泡。另外，取出少量色粉时，使用竹签头。

保存袋

用于放凉巧克力、红豆馅或者保存烘烤完毕的糕点。在本书中也可以用来挤出泡芙糊或者巧克力。使用较薄的保存袋挤出时容易挤破袋子，要选用较厚的保存袋。

玛芬纸托、蛋糕锡纸托

一次性模具。没有玛芬、玛德琳等专用模具也可以轻松制作。

烤箱

烘烤糕点时，一定要预热（提前加热烤箱）。根据品牌和机种不同酌情加减火力，需要多烘烤几次来适应烤箱的温度。本书使用烤盘 30cm 长的烤箱。

油纸

铺在模具或者烤盘中，让材料不会黏在上面。除了图片中这种一次性油纸外，也可以使用清洗后可反复使用的耐热油纸。

隔热手套、手套

将放入烤盘中的模具或者烤盘取出时使用隔热手套。从模具中取出这种细腻的动作，使用手套更方便。为了避免导热，可以将 2 副手套叠加使用。

挞模

烘烤挞的专用模具。特点是侧面呈波纹形状。本书使用直径 18cm 的模具。使用新品时，要抹上大量的油，放入烤箱 150℃烘烤 5 分钟，放凉后将油抹去使用。

羊羹模具

倒入巧克力或者羊羹凝固时使用。带有分隔板，取出分隔板就能将糕点轻松取出。本书使用 15cm 长的模具。

耐热玻璃布丁模具

制作布丁或者果冻时使用。玻璃模具更方便脱模。耐热性好，也可以倒入蛋糕糊烘烤。

压模

将擀开的面皮压出圆形时使用。尺寸和形状也多种多样。

更加方便的工具

虽然并不是必备的工具，但用在本书中也是非常方便的。可以根据需要准备工具。

抹刀

细长的刀。装饰蛋糕或者涂抹奶油时使用。另外，也可以代替分切蛋糕的刀使用。

裱花袋、裱花嘴

裱花袋和裱花嘴组合使用。装饰蛋糕或者挤出泡芙糊时使用。裱花嘴口径和形状多种多样，一般使用圆口形花嘴或者星形花嘴。

纱布

制作豆沙馅时，将豆沙过滤、蒸煮时铺在下面。用水浸湿后使用。

粉筛

过筛少量粉类或者撒上用来装饰的糖粉、可可粉时使用。

刷子

烘烤糕点上刷上糖浆或者刷掉达克瓦兹多余的糖粉时使用。

喷雾器

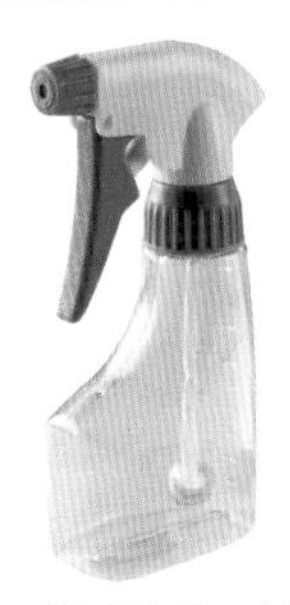

以防糕点干燥时使用。制作本书的温泉馒头时使用。

纸托、油纸的铺法

用烤盘或者模具烘烤时，除了戚风蛋糕之外，还需要纸托或者油纸。这里介绍纸托的做法和铺法。

烤盘

倒入面糊烘烤时

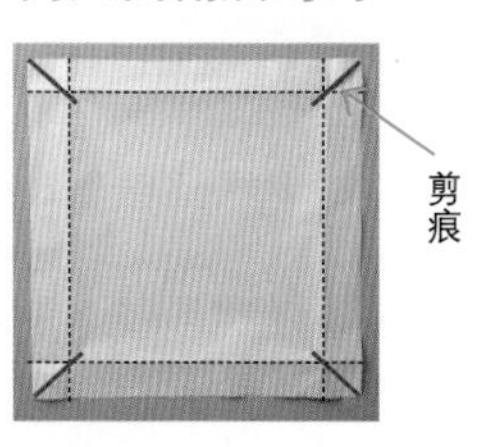

倒入蛋糕卷糊烘烤时，根据底面折出痕迹，剪下大约 2cm。沿着边缘的高度折叠，四边沿着红线斜着剪下约 3cm。

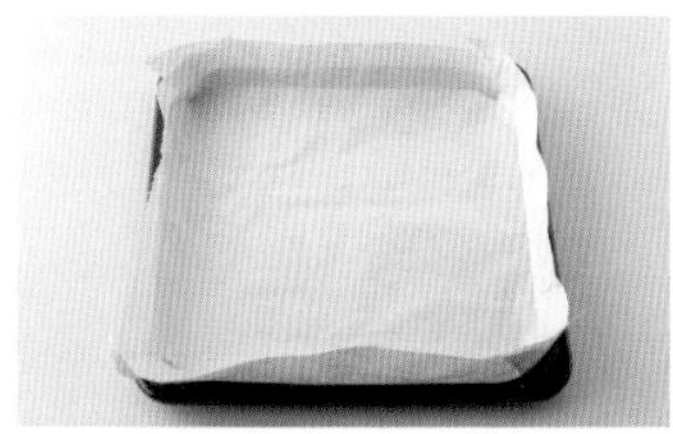

将底边的剪痕重叠，铺入模具中。

挤出面糊烘烤时

烘烤泡芙时，根据底面的大小剪下油纸，铺入模具中。油纸四边用少许面糊粘在烤盘上，代替黏着剂使用，让之后的操作更加方便。

磅蛋糕模具

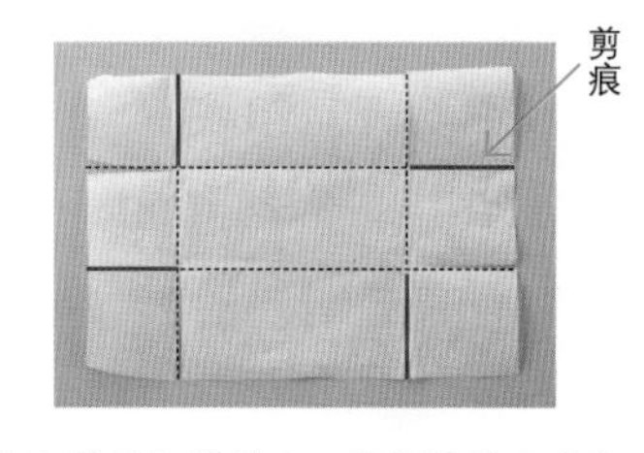

将油纸铺入模具中，根据模具高度和底面折出痕迹，根据红线指示剪下。

将短边放在外侧，铺入模具中。

纸托重叠时，舀出一点蛋糕糊粘上，代替黏着剂使用。

圆形模具

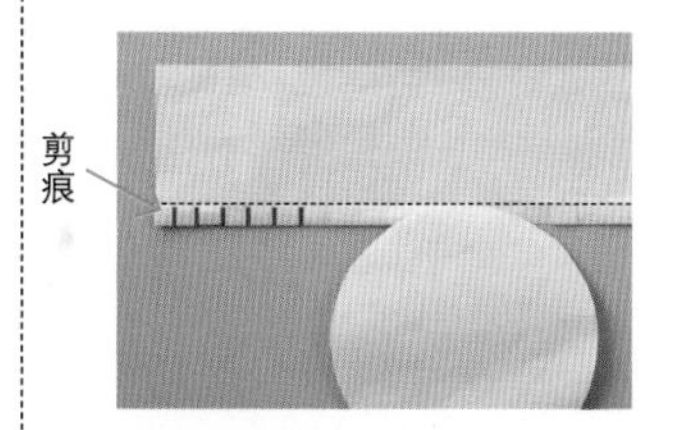

粗纸或者油纸铺入模具中，沿着模具的底边剪下。侧面根据高度和圆周长剪成带状(纵横都是3~4cm长)，在每间隔 1~2cm 的边缘剪下约 1cm 的剪痕。

将带有剪痕的一边朝下，铺在侧面，剪痕折到底部。上面放上圆形纸托。

纸托是什么纸?

A 虽然一般使用油纸，但烘烤海绵蛋糕时，油纸表面光滑，无法贴紧蛋糕糊，没有保湿作用。最好使用粗纸、复印纸、广告纸背面。

美味诀窍一目了然

甜点制作基础

（日）小田真规子　著　　周小燕　译

红星电子音像出版社

制作美味糕点的10项基础操作

制作糕点时，有很多和烹饪不同的操作。为了制作美味糕点，这里介绍从准备材料和工具到完成的10项基础操作。

1 工具保持清洁

工具不仅要卫生干净，还不能残留任何水分和油分，不然会影响蛋液的打发。将工具清洗干净，擦干后使用。

2 提前熟读配方

制作糕点的关键在于掌握制作的所有流程。要提前掌握制作步骤。

3 称重备用

准备配方内所有涉及的材料，称重备用。泡打粉、可可粉等先与粉类混合，放入保鲜袋或碗内搅拌均匀备用，这样之后搅拌时才不会产生疙瘩。

将材料称重，放在操作台上备用。

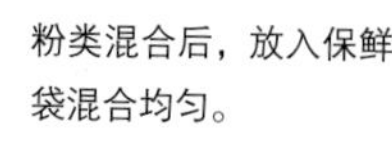

粉类混合后，放入保鲜袋混合均匀。

4 提前将材料静置到合适温度

制作时才取出材料，材料的温度会影响糕点成品的状态。将黄油、奶油奶酪、鸡蛋等从冰箱中取出后在室温下静置回温的操作要在制作前 30 分钟进行。黄油、低筋面粉、蛋白、淡奶油等冷却使用时，要冷藏 30 分钟以上。一定要将材料提前静置到合适温度。

黄油在室温下软化到用手指能轻轻按下的状态。

5 粉类过筛放入材料中

混入空气后材料会变得蓬松柔软。另外，为了避免混合或者搅拌时形成疙瘩，一定要将粉类过筛后放入材料中。分几次放入时，一定要提前过筛备用。

粉类均匀过筛后放入碗内。

分几次搅拌时，一定要在提前准备阶段就过筛备用。

隔水加热到合适温度

隔水加热是热水通过碗间接加热的过程。用途不同，热水温度也不同，要保持合适的温度。达到合适的温度后，关火。

海绵蛋糕

平底锅内倒入热水，碗底铺上抹布来固定碗。

黄油

注意不要溅入水分。

巧克力

注意不要混入水蒸气。

7 将凝固剂正确融化后使用

速溶吉利丁、吉利丁粉、琼脂的处理方法各有不同，要正确融化后使用。

速溶吉利丁

煮沸之前关火，撒入吉利丁后搅拌，用余热融化。

吉利丁粉

撒入分量内的凉水搅拌，泡软后隔水加热融化。煮到沸腾后会残留吉利丁的味道，凝固作用也会减弱。

琼脂丝、琼脂粉

琼脂丝用水泡软，滤去水分后撕碎。琼脂粉、琼脂丝一起放入分量内的水中加热，煮沸后转小火，加热 1~2 分钟就完全融化了。

8 O、S、I、J 字形搅拌法

材料的搅拌方法会影响糕点的味道和口感。基础搅拌方法就像是描绘 O、S、I、J 字一样，是用橡皮刮刀或者打蛋器搅拌的 4 种方法。请根据用途和材料状态选择合适的搅拌方法。

O 字搅拌法

打发时一圈圈绕圈搅拌。多出现在阶段 1 中，不需要诀窍。

S 字搅拌法

用橡皮刮刀在碗底像摩擦一样搅拌的方法。

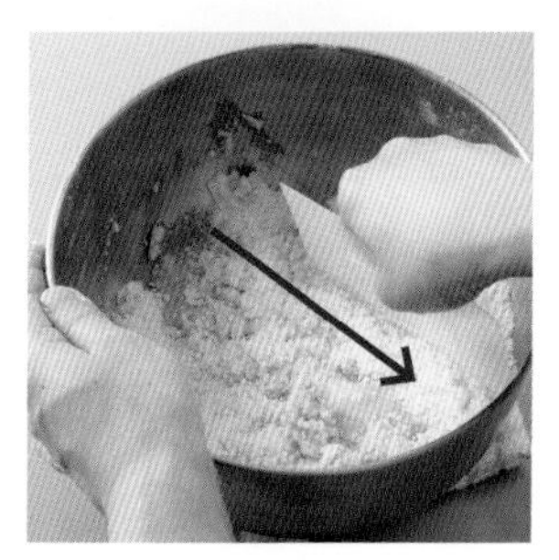

I 字搅拌法

无需搅匀的切拌，对半切下后叠加。用于派或者司康的搅拌方法。

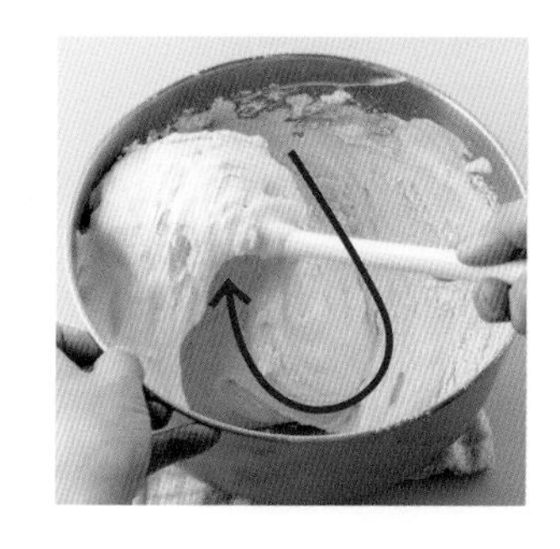

J 字搅拌法

打发好的蛋液内放入粉类，慢慢搅拌，避免消泡。

建议

比重不同，无法一次搅匀

对基础材料和打发淡奶油等较硬的材料（比重较重的材料）和较软的材料（比重较轻的材料）搅拌时，首先放入 1/4~1/3 的量，搅拌均匀后再放入剩余的材料继续搅拌。

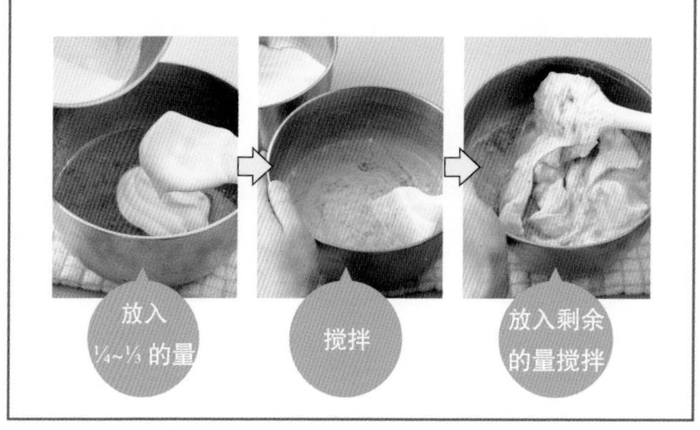

建议

巧克力经过调温后表面更光滑

制作巧克力糕点时，如果只把板状巧克力融化凝固，表面会出现“结霜现象”，变得粗糙不均，带有白霜，外观和味道也会变差。所以要将巧克力融化，通过调节温度来调整油脂的结晶，还需要进行“调温”的步骤，避免出现结霜现象。调温有几种方法，最简单可行的是放入切碎的巧克力，调整出漂亮的结晶。

观察烘烤状态

如果烘烤不充分，糕点冷却后容易塌陷。可以用以下介绍的方法判断烘烤状态。

观察确认

磅蛋糕、戚风蛋糕等烘烤糕点在完成约 10 分钟前充分膨胀，之后缩至略小一圈。所以，要在标注烘烤时间的 10 分钟前观察烤箱，检查膨胀的样子。

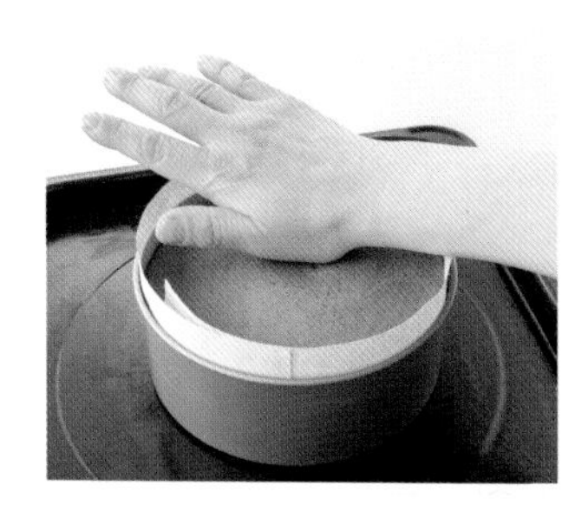

用手触碰

烘烤后用手触碰表面，有适度的弹性就烤好了。听到“噗噗”的声音，质地柔软，代表半熟。

斜插入竹签

蛋糕中间最难烤熟，将竹签从蛋糕边缘斜着插入中间，竹签上没有粘上蛋糕就说明烤好了。若模具和蛋糕之间出现缝隙，也说明烤好了。

10 从模具干净脱模

将烤好的糕点从模具干净脱模，这也是一个不能忽略的步骤。

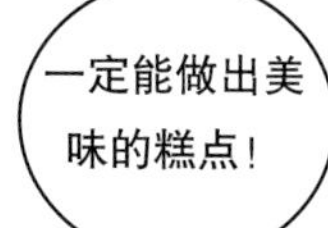

留出方便取出的油纸长度

为了使油纸方便取出，铺入模具时要留出多余的长度。

连同模具一起磕下

使用海绵蛋糕、戚风蛋糕等烘烤模具时，烤好后连同模具在距离约 10cm 的高度轻轻磕下，磕出温热的空气，避免遇冷收缩，也方便取出。

模具上涂抹黄油、撒上高筋面粉

将巧克力熔岩蛋糕从模具取出盛盘时，要提前在模具上薄薄地涂抹上一层黄油，撒上高筋面粉后再倒入蛋糕糊。

按照本书实践！

即使初学者也能制作美味糕点的结构

本书中除了大量步骤图片外，也对面糊的状态和操作诀窍等给出了通俗易懂的解释。对于糕点初学者或者做过几次都失败的人来说，本书中的制作方法都能做出美味的糕点，一定要尝试一下！

结构1 随着制作阶段的变化培养制作糕点的兴趣

“下面就开始做美味的奶油蛋糕吧！”初次制作糕点时大都干劲十足、信心十足，但成品不尽人意，往往半途而废。你是不是也有过这样的经历呢？其实，奶油蛋糕对初学者来说非常困难。若是初次制作糕点，可以先从制作简单、不易失败的糕点开始做起。本书的结构是随着制作阶段的增长来一点点提高水平的。只有成功做出美味的糕点，才会有“下次还想再做”的心情，渐渐的也就喜欢上制作糕点啦！

结构2 容易购买的材料、工具

不管材料还是工具，都应使用容易购买的物品。比如，制作糕点主要是使用无盐黄油，但自家烘焙一般使用有盐黄油。本书中，为了降低制作糕点的难度，也介绍了几种使用有盐黄油的配方。因为一并使用色拉油，所以不用介意是否含有盐分。

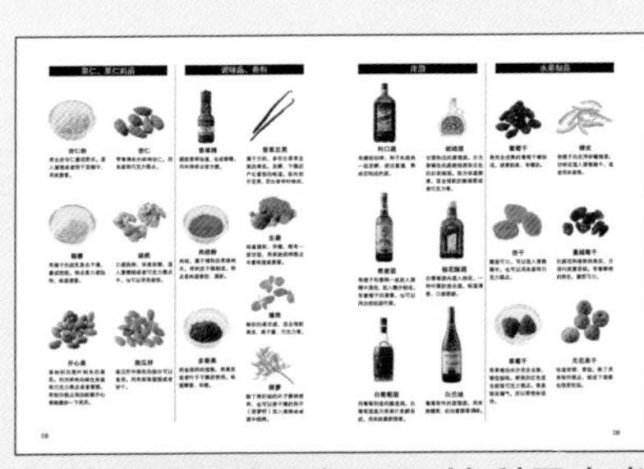

材料和工具的了解可巧妙利用本书小册子！

用板状巧克力做出正宗糕点！

用汤勺做出美丽的装饰！

按照配方制作的话，就能做出理想中的糕点啦。

结构3 了解制作美味糕点的诀窍、不会失败的要点

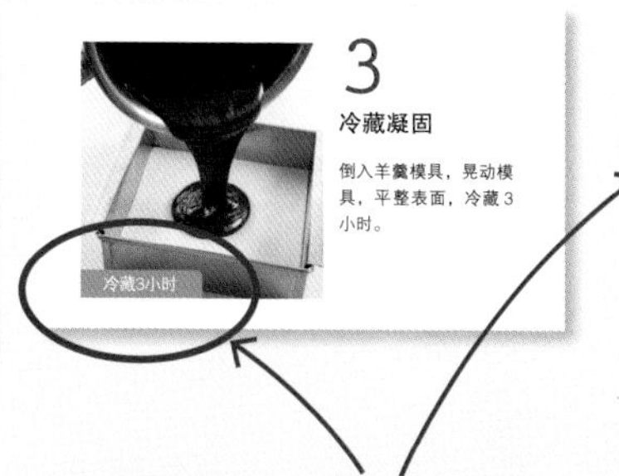

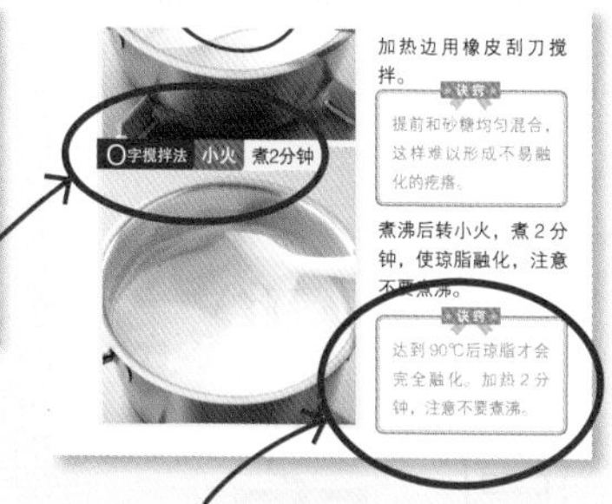

需要查看材料的状态时，可参考标有“颜色发白”“就是这种状态”等对话框，解释部分用黄色横线标明。

需要注意的次数、时间、火力等用记号标记。材料静置时间、冷却时间一目了然。

详细说明了制作糕点的各种诀窍，比如决定味道和口感的重要步骤、容易失败的地方等。

结构4 完全掌握制作糕点不可或缺的搅拌方法、打发方法

制作糕点时会出现大量搅拌、打发材料的步骤。

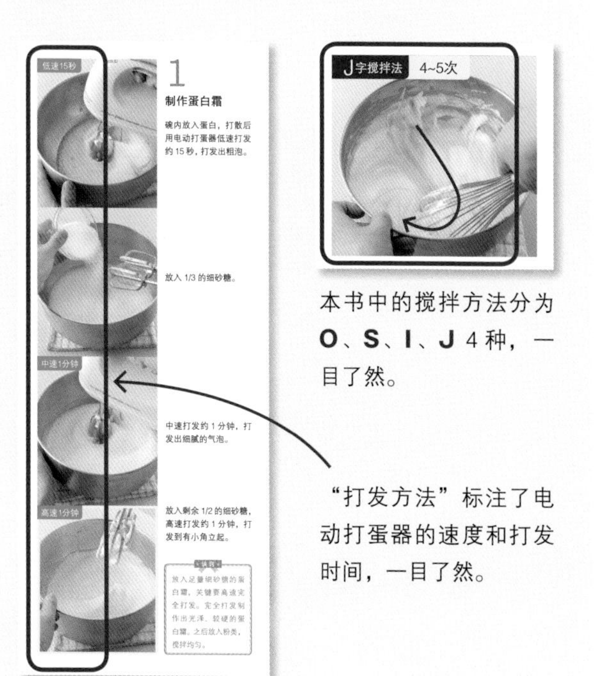

本书中的搅拌方法分为**O**、**S**、**I**、**J** 4种，一目了然。

“打发方法”标注了电动打蛋器的速度和打发时间，一目了然。

结构5 改变搭配比例就能改变糕点的成品

材料	18个

［泡芙糊］

Ⓐ
- 牛奶……60mL
- 水……60mL
- 有盐黄油……60g
- 砂糖……1小勺

低筋面粉……60g
鸡蛋……2~3个（130~140g）
蛋液……适量
糖粉……适量

材料比例
液体：黄油：粉类：蛋液=2：1：1：2

应用广泛的糕点会标出“材料比例”。熟悉制作糕点的人也可以参照这个比例来创新糕点。比如，将1/2个鸡蛋代替牛奶、增加黄油分量，以此来改变味道和口感。努力成为享受创新的高手吧！

目录
CONTENTS

美味诀窍一目了然

甜点の制作基础

“只需搅拌”的简单糕点

阶段2

搅拌方法略微复杂的糕点

阶段3

打发柔软蛋液制作糕点

阶段4

凝固制作冷藏糕点

人气巧克力糕点

经典日式糕点

迷你专栏

本书的常用标准

* 计量单位，1 小勺 =5mL，1 大勺 =15mL，1 杯 =200mL。
* “室温下静置回温”中的室温指的是 18~22℃。
* 除了特别指出外，烘烤时一般都放在烤箱下层。另外，烤箱品种不同，烘烤火力也要随之加减。配方的烘烤时间和温度要酌情加减，边观察糕点的状态边调整。
* 平底锅使用特氟龙涂层的品种。直径 26cm 和 20cm 是方便使用的尺寸。
* 烹饪时间要酌情加减，不包含提前准备阶段所需时间。分几次烘烤糕点时则标注到第一次烘烤完毕的时间。阶段 4 的“凝固制作冷藏糕点”中，包含冷却凝固的时间。
* 鸡蛋选用普通大小（1 个 50g）。
* 柠檬皮和橙子皮是只选用表皮部分，不能使用白色脉络部分。
* 黄油隔水加热时，表示的是“黄油融化、形状消失为止”。另外，对隔水加热的材料，表示的是“温热的状态”。
* 虽然配方中标注了保存时间，但要比市售糕点的保存时间短，建议尽快食用完毕。

“只需搅拌”的简单糕点

下面开始制作糕点。

玛芬、玛德琳、可丽饼、布朗尼……

努力做出这些美味的糕点吧！

制作开始前，一定要做好粉类和黄油的提前准备。

来吧，享受“转圈搅拌”的乐趣吧！

柠檬凸显黄油的香味！

简单玛芬

真规子老师的建议

就算是初学糕点的人，只要按照配方制作也不会失败！从“每次放入材料都搅拌”开始练习吧。

操作时间 ＊ **约50分钟**
保存期限 ＊ **常温3天**

材料	直径 6cm、高 5cm 的玛芬模具　6 个

Ⓐ 低筋面粉…………………… 150g
Ⓐ 泡打粉…………………… 1/2 小勺
有盐黄油…………………… 50g
油（色拉油、菜籽油等）…………………… 50g
砂糖…………………… 120g
鸡蛋…………………… 2 个
柠檬汁…………………… 1 大勺
柠檬皮屑…………………… 1/2 个
香草精…………………… 少量

提前准备

1 将材料Ⓐ放入保鲜袋中混合均匀。

2 将黄油切成 1cm 厚的小块，和油混合，隔水加热到黄油融化、失去形状。

3 操作 30 分钟前将鸡蛋从冰箱中取出，室温下静置回温。

4 柠檬撒上盐（分量以外）揉搓，用水洗净。准备柠檬汁和柠檬皮屑。

5 烤箱预热到 180℃。

搅拌材料

1

搅拌蛋液

碗内打入鸡蛋，用打蛋器像搅碎蛋黄一样搅拌。

用打蛋器搅拌 30 秒，将蛋白和蛋黄搅拌均匀。

2

搅拌砂糖

放入砂糖，用打蛋器搅拌到砂糖融化。

3

搅拌粉类

将提前准备1过筛到碗内。

用打蛋器转圈搅拌。

搅拌到没有生粉。

4

搅拌黄油、油和香草精

分两次放入提前准备2，每次都搅拌均匀。然后倒入香草精，搅拌均匀。

5

搅拌柠檬汁、柠檬皮

放入提前准备4，搅拌均匀。

搅拌到提起打蛋器时面糊缓缓落下、残留形状、出现光泽为止。

烘烤面糊

6

倒入模具烘烤

均匀倒入玛芬模具，放入烤箱烘烤 20~25 分钟。

烘烤完毕后，放在蛋糕架上散热。

可可面糊搭配香蕉，非常适宜！

巧克力香蕉玛芬

材料	直径 6cm、高 5cm 玛芬模具 7 个

- Ⓐ 低筋面粉……130g
- Ⓐ 可可粉……20g
- Ⓐ 泡打粉……1/2 小勺
- 有盐黄油……50g
- 油（色拉油、菜籽油等）……50g
- 三温糖……120g
- 鸡蛋……2 个
- 香蕉……2 小根（净重 160g）

操作时间 ＊ **约50分钟**

保存期限 ＊ **常温3天**

a

提前准备

1 将材料Ⓐ放入保鲜袋中混合均匀。

2 将黄油切成 1cm 厚的小块，和油混合，隔水加热到黄油融化、失去形状。

3 操作30分钟前将鸡蛋从冰箱中取出，室温下静置回温。

4 香蕉剥皮，切成薄薄的圆片。分为搅拌用 100g 和装饰用 60g（21 片，图 a）。

5 烤箱预热到 180℃。

做法

1. 碗内打入鸡蛋，用打蛋器像搅碎蛋黄一样搅拌 30 秒，将蛋白和蛋黄搅匀。

2. 放入三温糖，搅拌到砂糖融化。

3. 将提前准备1过筛到碗内。用打蛋器转圈搅拌到没有生粉。

4. 分两次放入提前准备2，每次都搅拌均匀。

5. 放入搅拌用的香蕉，搅拌均匀。

6. 均匀倒入玛芬模具，放上 3 片装饰用的香蕉，放入烤箱烘烤 20~25 分钟。烘烤完毕后放在蛋糕架上散热。

魅力在于松软的口感！

简单薄饼

真规子老师的建议

凭借泡打粉的作用让糕点变得松软、完全膨胀。搅拌粉类时，诀窍在于不只是“搅拌到没有生粉”，还要搅拌到“出现光泽”。

操作时间 * **约30分钟**

保存期限 * **常温2天**

材料 直径 10cm　8~10 片

Ⓐ
- 低筋面粉……120g
- 泡打粉……2 小勺
- 砂糖……50g

有盐黄油……30g
鸡蛋……1 个
牛奶……1/2 杯
香草精……少量
色拉油……适量

【装饰】
有盐黄油……适量
枫糖浆……3~4 大勺

提前准备

1 将材料Ⓐ放入保鲜袋中混合均匀。

2 将黄油切成 1cm 厚的小块，和油混合，隔水加热到黄油融化、失去形状。

3 操作 30 分钟前将鸡蛋从冰箱中取出，室温下静置回温。

制作面团

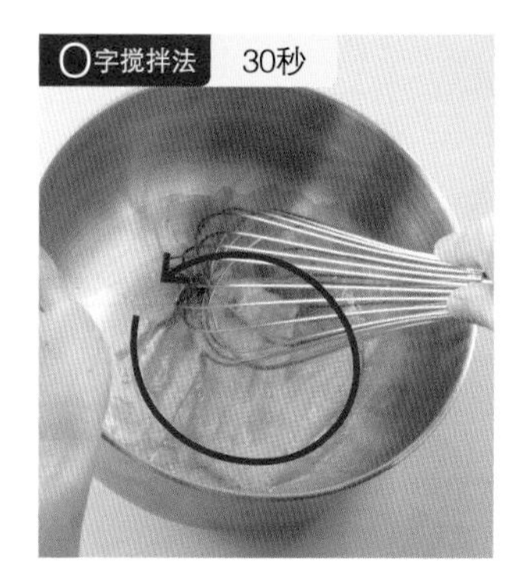

1 搅拌蛋液

碗内打入鸡蛋，用打蛋器像搅碎蛋黄一样搅拌，边将碗倾斜，边搅拌 30 秒，让蛋白和蛋黄混合均匀。

2 搅拌黄油

放入提前准备2。

倒入香草精，搅拌均匀。

3 搅拌粉类

提前准备1过筛放入。

打蛋器转圈搅拌。

搅拌到没有生粉、出现光泽。

> **诀窍**
> 搅拌均匀后，泡打粉会包裹大量气泡，让糕点变得柔软。

烘烤面糊

4 倒出圆形面糊烘烤

平底锅中火加热，用浸有色拉油的厨房纸薄薄擦拭。

将平底锅放在浸湿的毛巾上面，静置 10 秒放凉，舀起 1/2 勺的面糊倒入锅中，倒出两片，放在火上。

盖上锅盖，小火烤 3~4 分钟。

表面出现凹凸后翻面。

继续烤 1~2 分钟。剩余的面糊也用相同的方法烤好，烤 8~10 片。盛盘，根据喜好放上黄油，淋上枫糖浆。

酸酸的口感是美味的秘诀！

酸奶薄饼

材料 直径 10cm 8~10 片

Ⓐ
- 低筋面粉…………120g
- 泡打粉…………2 小勺
- 砂糖…………50g

有盐黄油…………50g
鸡蛋…………1 个
原味酸奶…………1/2 杯
香草精…………少量
色拉油…………适量

【装饰】
喜欢的果酱…………3~4 大勺
薄荷…………适量

操作时间 ＊ **约20分钟**
保存期限 ＊ **常温2天**

提前准备

1 将材料Ⓐ放入保鲜袋中混合均匀。
2 将黄油切成 1cm 厚的小块，隔水加热到黄油融化、失去形状。
3 操作 30 分钟前将鸡蛋、酸奶从冰箱中取出，室温下静置回温。

做法

1. 碗内打入鸡蛋，用打蛋器像搅碎蛋黄一样搅拌，边将碗倾斜，边搅拌 30 秒，让蛋白和蛋黄混合均匀。
2. 放入提前准备2、酸奶和香草精，搅拌均匀。
3. 提前准备1过筛放入。打蛋器转圈搅拌，搅拌到没有生粉、出现光泽。
4. 平底锅中火加热，用浸有色拉油的厨房纸薄薄擦拭。将平底锅放在浸湿的毛巾上面，静置 10 秒放凉，舀起 1/2 勺的面糊倒入锅中，倒出两片，放在火上。
5. 盖上锅盖，小火烤 3~4 分钟，表面出现凹凸后翻面，继续烤 1~2 分钟。剩余的面糊也用相同的方法烤好，烤 8~10 片。
6. 盛盘，放上果酱和薄荷。

小山形状的可爱糕点！

玛德琳

材料	直径 4cm、高 3cm 蛋糕模具　8~10 个

Ⓐ［低筋面粉……………………………… 80g
　 泡打粉……………………………… 1 小勺

油（色拉油、菜籽油等）……………… 20g

有盐黄油……………………………… 50g

蜂蜜…………………………………… 50g

砂糖…………………………………… 50g

鸡蛋…………………………………… 2 个

柠檬皮屑……………………… 1/2 个柠檬的量

提前准备

1 将材料Ⓐ放入保鲜袋中混合均匀。

2 将黄油切成 1cm 厚的小块，和蜂蜜、油混合，隔水加热到黄油融化、失去形状。

3 操作 30 分钟前将鸡蛋从冰箱中取出，室温下静置回温。

4 柠檬用盐（分量外）包裹揉搓，用水洗净。准备柠檬皮屑。

操作时间 ＊ **约40分钟**
（静置面糊时间除外）

保存期限 ＊ **常温3天**

真规子老师的建议

放入蜂蜜，做出玛德琳独特的香甜和绵润的口感。为了让蜂蜜和面糊容易混合，关键在于提前准备阶段要隔水加热。

制作面团

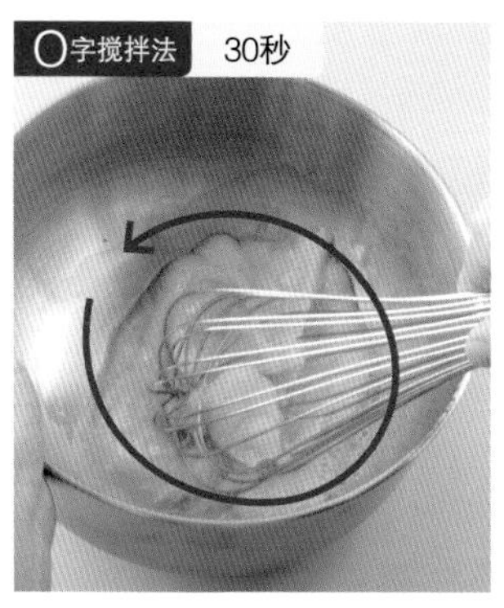

1

搅拌蛋液

碗内打入鸡蛋，用打蛋器像搅碎蛋黄一样搅拌，搅拌 30 秒，让蛋白和蛋黄混合均匀。

2

搅拌砂糖

放入砂糖，搅拌到砂糖融化。

3

搅拌粉类

提前准备1过筛放入。用打蛋器搅拌到没有生粉。

4

搅拌黄油、蜂蜜、油

分两次放入提前准备2。

每次都要搅拌到顺滑，以免黄油、蜂蜜和油沉底。

5

搅拌柠檬皮

放入提前准备4，搅拌均匀。

6

静置面糊

将粘在碗边缘的面糊刮下，盖上保鲜膜，常温下静置 1 小时。放入烤箱 170℃烘烤。

诀窍

面糊静置后，烘烤时泡打粉内的气泡冒出，中间膨胀出来，烤出小山的形状。

烘烤面糊

7

倒入模具中烘烤

将面糊重新慢慢搅拌，均匀倒入模具中。放入烤箱烘烤 15~20 分钟。烘烤完毕后放在蛋糕架上散热。

焦香的黄油丰富了糕点的口感！

费南雪

材料	直径6cm、高2cm的杯子蛋糕模具　8个
Ⓐ 杏仁粉	70g
Ⓐ 低筋面粉	50g
Ⓐ 砂糖	100g
油（色拉油、菜籽油等）	40g
有盐黄油	80g
蛋白	3个鸡蛋的量（100g）

提前准备

1 将材料Ⓐ放入保鲜袋中混合均匀。
2 操作30分钟前将蛋白（鸡蛋）从冰箱中取出，室温下静置回温。

操作时间 ＊ **约40分钟**
（静置面糊时间除外）

保存期限 ＊ **常温3天**

真规子老师的建议

黄油焦化后味道更香浓，然后添加杏仁粉的味道，让糕点味道更浓郁。面糊静置后可以做出表面酥脆的口感。

制作面团

中火 加热4分钟

就是这个时机。

1 制作焦化黄油

将黄油切成1cm厚的小块，放入小锅中中火加热。加热约4分钟，黄油焦化后出现香味，关火。

黄油加热到焦黄色后，味道更香浓。

将焦化黄油用粉筛过滤。

倒入油，放凉。

2 粉类和黄油、油搅拌

另取一碗，提前准备1过筛放入，中间按压凹陷，倒入1的锅中。

用打蛋器像打击碗边缘一样用力搅拌，搅拌到没有生粉。

3 搅拌蛋白

将蛋白打散，分两次放入。

每次都用打蛋器搅拌，搅拌到顺滑。

4 静置面糊

将粘在碗边缘的面糊刮下，盖上保鲜膜，常温下静置1小时。放入烤箱180℃烘烤。

诀窍

面糊静置后，黄油（油分）和蛋白（水分）混合均匀，做出酥脆香浓的口感。

烘烤面糊

5 倒入模具中烘烤

将面糊重新慢慢搅拌，均匀倒入模具中。放入烤箱烘烤20~25分钟。烘烤完毕后放在蛋糕架上散热。

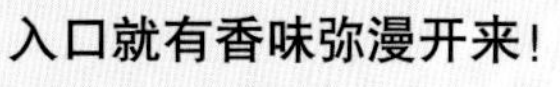
入口就有香味弥漫开来！

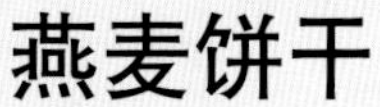

燕麦饼干

材料	直径 5cm　20 块

Ⓐ
- 低筋面粉……50g
- 泡打粉……1 大勺
- 三温糖……30g

油（菜籽油、色拉油等）……40g
蜂蜜……1 大勺
燕麦……50g
蔓越莓干……10g
南瓜籽……10g

提前准备

a

1 将材料Ⓐ放入保鲜袋中混合均匀。
2 烤箱提前预热到 160℃。
3 将蔓越莓撕成 3~4 瓣。

真规子老师的建议

操作时间 ＊ **约30分钟**
保存期限 ＊ **常温5天**

放入燕麦和干果，丰富了味道，让糕点更加美味。因为质地酥脆，所以要认真摊薄后烘烤。

制作面团

1 搅拌蜂蜜、油

碗内放入蜂蜜，一点点倒入油。

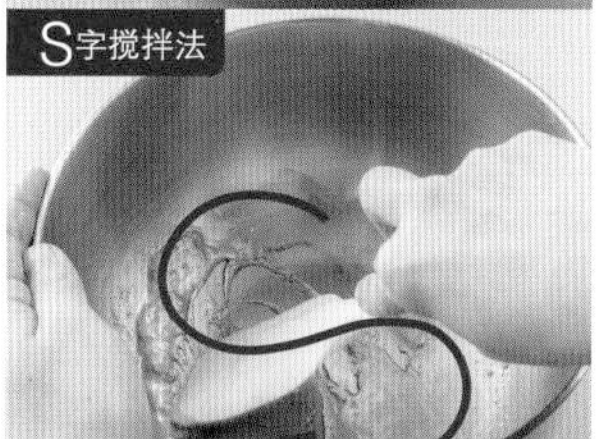

橡皮刮刀像写 S 字一样搅拌均匀。

2 搅拌粉类

提前准备1过筛放入，搅拌均匀。

3 搅拌燕麦

放入燕麦、提前准备3、南瓜籽。

边用橡皮刮刀按压，边搅拌均匀。短拿橡皮刮刀更方便用力。

搅拌均匀就可以了。搅拌到略微成团的状态就可以了。

烘烤面糊

4 整形烘烤

分两次烘烤。分成 20 等份揉圆，有间隔地摆在铺入油纸的烤盘上，每盘摆 20 个。

用手掌按压，平整表面。

用手指整理成圆形，放入烤箱烘烤 10~13 分钟。烤好后质地变软，连同油纸一起放在蛋糕架上散热。

> **诀窍**
> 凹凸不平的话容易烤糊，所以要认真整形。

材料	30cm×30cm 的烤盘　2 片（18 片）

烘烤杏仁…………………………………………… 80g
砂糖………………………………………………150g
低筋面粉…………………………………………… 30g
蛋白……………………………… 1 个鸡蛋的量（30g）
香草精…………………………………………… 少量

提前准备

1 烤箱预热到 190℃。
2 将杏仁切粗末（每个切成 6 等份，图 a），和砂糖混合备用（使用下酒菜用的杏仁时，铺在浸湿的厨房纸上，翻滚着擦去盐分）。

a

享受酥脆的口感！

酥片

操作时间 ＊ **约30分钟**
保存期限 ＊ **常温3天**

真规子老师的建议

利用蛋白膨胀的力量制作糕点。烘烤期间会膨胀，所以要有间隔地在烤盘摆放。砂糖的量要比蛋白多，一定要用力搅拌，使砂糖融化。

制作面团

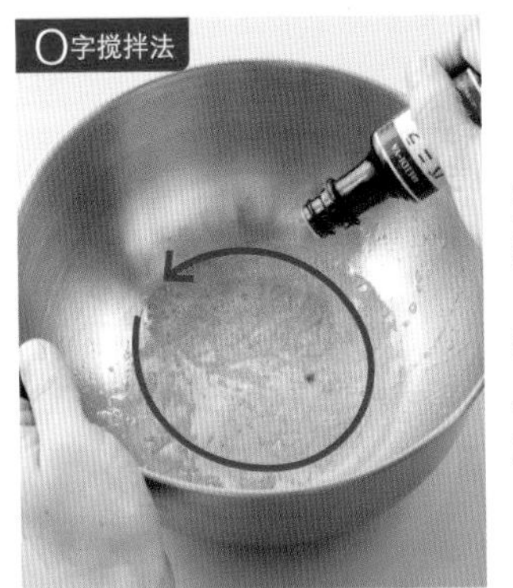

1

蛋白内放入香草精

蛋白用打蛋器打散，倒入香草精，用O字搅拌法转圈搅拌。

2

放入杏仁、砂糖

放入提前准备**2**，用橡皮刮刀搅拌均匀。

搅拌到砂糖融化、质地湿润。

3

搅拌粉类

低筋面粉过筛放入。

搅拌到没有生粉后，边上下翻拌边搅拌均匀。

烘烤面糊

4

整形烘烤

分两次烘烤。将面糊分成18等份，用汤勺舀起，摆在铺有油纸的烤盘上，有间隔地摆放9片。

用被水浸湿的汤勺背面按压，面糊伸展成直径约4cm的圆片。放入烤箱烘烤7~8分钟。

烘烤完毕后，连同油纸一起放在蛋糕架上散热。分切成方便食用的大小。

品尝清爽酸甜的口感！

纽约芝士蛋糕

操作时间 ＊ **约50分钟**
（冷藏时间除外）

保存期限 ＊ **冷藏3~4天**

真规子老师的建议

放入奶油奶酪的面糊内包含气泡，口感更为柔和。放置1天后，面糊变得绵润，朗姆酒渍葡萄干的味道也渗入面糊中。

材料	直径 15cm 的圆形模具　1 个

- 奶油奶酪……300g
- 砂糖……80g
- 鸡蛋……2 个
- 低筋面粉……2 大勺
- 柠檬汁……2 大勺
- 葡萄干……20g
- 朗姆酒……1 小勺 ~1 大勺

提前准备

1 油纸剪成合适大小，铺入模具中。

2 葡萄干在 3 大勺的温水中浸泡 1 分钟，滤去水分，倒入朗姆酒。

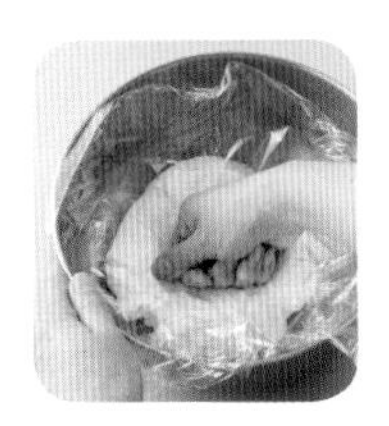

3 碗内放入奶油奶酪，盖上保鲜膜，捣碎按压到平坦，室温下静置回温。

4 烤箱预热到 180℃。

制作面团

1 搅拌奶酪

撕下提前准备3的保鲜膜，用打蛋器转圈搅拌约 2 分钟。

2 搅拌砂糖

分两次放入砂糖。

每次搅拌 30 秒。

诀窍

用打蛋器转圈搅拌均匀，这样能混入大量的空气。

3

搅拌蛋液

将鸡蛋打散，分两次放入。

每次搅拌 30 秒。

4

轻轻搅拌粉类

低筋面粉过筛放入，粗略搅拌。

5

搅拌葡萄干、柠檬汁

放入提前准备**2**、柠檬汁。

继续搅拌 30 秒，将面糊搅拌到顺滑。

烘烤面糊

6

倒入模具烘烤

倒入提前准备**1**。

将模具轻轻在浸湿的抹布上磕几下，让表面平整，放入烤箱烘烤 30~35 分钟。

烘烤完毕后放在蛋糕架上散热，按压模具底座，使模具脱模。冷藏 3 小时以上。

添加核桃的口感！

核桃芝士蛋糕

材料	直径 15cm 的圆形模具　1 个
奶油奶酪	150g
卡门贝尔奶酪	150g
砂糖	50g
低筋面粉	2 大勺
鸡蛋	2 个
君度酒	1 大勺
核桃	30g
茴香芹	适量

*根据喜好选择布里奶酪、戈贡佐拉奶酪代替卡门贝尔奶酪，也非常美味。享用糕点时可添加适量粗粒黑胡椒。

操作时间 * **约50分钟**
（冷藏时间除外）

保存期限 * **冷藏3天**

a

提前准备

1 油纸剪成合适大小，铺入模具中。
2 核桃用手揉碎，放入烤箱 150℃烘烤 5 分钟（图 a）。
3 碗内放入奶油奶酪，盖上保鲜膜，捣碎按压到平坦，室温下静置回温。
4 烤箱预热到 180℃。

做法

1. 撕下提前准备3的保鲜膜，用打蛋器转圈搅拌约 2 分钟。将卡门贝尔奶酪用手撕成拇指大小后放入，继续搅拌均匀。
2. 分两次放入砂糖，每次搅拌 30 秒。
3. 将鸡蛋打散，分两次放入，每次搅拌 30 秒。
4. 低筋面粉过筛放入，放入君度酒和提前准备2，继续搅拌 30 秒，将面糊搅拌到顺滑。
5. 倒入提前准备1，放入烤箱烘烤 30~35 分钟。
6. 放在蛋糕架上散热，使模具脱模，冷藏 3 小时以上。分切装盘，可以放上茴香芹装饰。

浓香的黄油味道、软糯的口感，超受欢迎！

可丽饼

操作时间 * **约40分钟**
（静置面糊时间除外）

保存期限 * **冷藏2天**
（酱汁另外保存）

真规子老师的建议

要点在于蛋液和粉类需用力搅拌、面糊需静置，将面糊完全搅拌均匀后再烘烤。黄油完全放凉后再制作橙子酱汁。

材料	直径 20cm　10~12 片

- Ⓐ
  - 低筋面粉……100g
  - 砂糖……30g
- 有盐黄油……20g
- 鸡蛋……2 个
- 牛奶……250mL
- 色拉油……适量

【橙子酱汁】

- Ⓑ
  - 橙子榨汁（或者 100% 纯橙汁）……1 杯
  - 砂糖……20~30g
  - 橙皮丝……1/4 个橙子的量
  - 朗姆酒……2 大勺
- 有盐黄油……10g
- 细砂糖……适量
- 薄荷……适量

提前准备

1 将材料Ⓐ放入保鲜袋中混合均匀。

2 制作焦化黄油。小平底锅内放入黄油，中火加热 2 分钟 ~2 分 30 秒。黄油略微焦黄后，倒入小碗内，放凉。

3 材料Ⓑ的橙子用盐（分量外）包裹揉搓，用水洗净。准备橙子榨汁和橙皮丝。

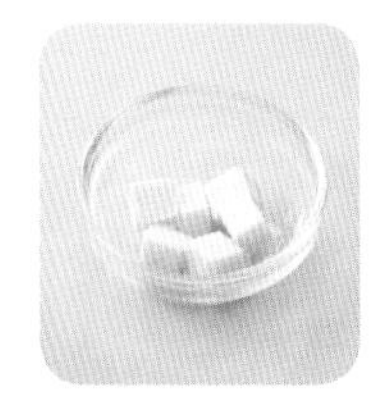

4 将橙子酱汁的黄油切成 1cm 的小块，放入冰箱冷却。

制作面团

1 搅拌粉类和蛋液

提前准备1过筛到碗内，中间按压凹陷，倒入打散的蛋液。

用打蛋器像敲打边缘一样搅拌。

搅拌到面糊凝固、质地黏稠。

诀窍

蛋液和低筋面粉混合均匀后形成面筋，做出有弹性、不易破损的面糊。

2

搅拌焦化黄油

放入提前准备2，用力搅拌均匀。

继续搅拌1分钟，搅拌到黏稠。

3

搅拌牛奶，静置面糊

倒入50mL牛奶搅拌。搅拌均匀后，将粘在碗边缘的面糊刮下、拢起，和剩余的牛奶搅拌均匀。

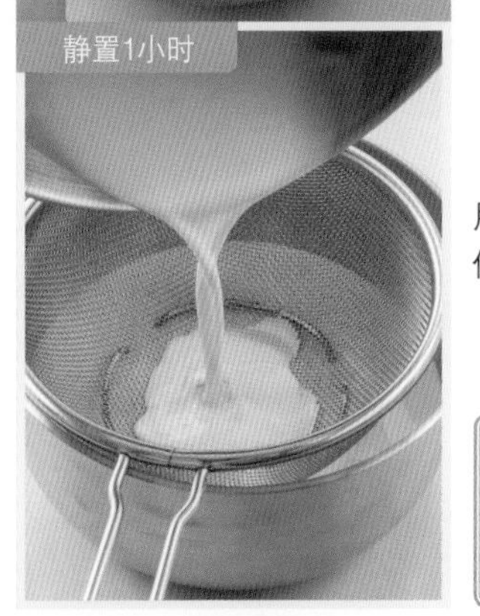

用滤网过滤，碗上盖上保鲜膜，冷藏约1小时。

诀窍

静置面糊，黄油和粉类混合均匀，做出有弹性、呈焦黄色的面糊。

烘烤面糊

4

倒出圆形面糊烘烤

边用汤勺将面糊搅拌均匀边烘烤。

诀窍

面糊中的粉类容易沉淀，每烘烤1片都要搅拌均匀。

烘烤前，倒入提前准备2，用厨房纸将平底锅内剩余的油擦干。

用中火加热平底锅，滴入面糊，检查是否有“呲呲”的声音。将面糊倒出，用浸有色拉油的厨房纸薄薄擦拭。

放在浸湿的抹布上静置10秒散热，倒入约30mL（1/2大勺略多）面糊，前后左右摇晃锅，放在火上。

烤 1 分钟后周边开始上色，用竹签挑起可丽饼一边，翻面。

背面烤约 10 秒，取出后放在铺有油纸的方盘上，一共烤 10~12 片。叠加可丽饼以免干燥，趁热盖上保鲜膜，室温下静置回温，散热。

制作橙子酱汁

5 将橙子煮沸、融化黄油

平底锅内放入材料Ⓑ，大火加热，边用橡皮刮刀搅拌均匀，边煮 4~5 分钟，煮到水分剩余约一半。

倒入提前准备4，搅拌到黄油融化、质地黏稠。将可丽饼叠加起来盛盘，淋上酱汁，撒上细砂糖，装饰上薄荷。

清爽的酸奶奶油酱做成夹心！

牛奶可丽饼

材料 直径 20cm　1 个

Ⓐ
- 低筋面粉……100g
- 砂糖……30g

有盐黄油……20g
鸡蛋……2 个
牛奶……250mL
色拉油……适量

【酸奶奶油酱】

Ⓑ
- 淡奶油……1 杯
- 砂糖……40g
- 原味酸奶……1/3 杯

橙子……适量
薄荷……适量

操作时间 ＊ **约40分钟**　保存期限 ＊ **冷藏3天**
（静置面糊时间除外）

提前准备　1 和可丽饼的提前准备1、2相同。

做法

1. 根据可丽饼的步骤 1~4 的要点制作。
2. 制作酸奶奶油酱。碗内放入Ⓑ的材料，碗底放上冰水，打发到 8 分发。
3. 取 1 片放凉的可丽饼铺开，涂抹上 2 大勺的酸奶奶油酱，饼皮留约 1cm 空白，如此叠加几片可丽饼。盖上保鲜膜，冷藏 2 小时以上。分切后盛盘，将切成方便食用大小的橙子和薄荷装饰在盘中。

用平底锅简单制作！

年轮蛋糕

真规子老师的建议

操作时间 * **约40分钟**
保存期限 * **常温3天**

用平底锅烤饼皮时，没有摊出正好16cm的饼皮也不要紧。分切时，将两边整出整齐的形状。每片都要烤成漂亮的颜色。

材料	直径 6cm × 15cm　1 个

材料	用量	材料	用量
Ⓐ 低筋面粉	130g	砂糖	60g
Ⓐ 杏仁粉	20g	鸡蛋	2 个
Ⓐ 泡打粉	1 小勺	牛奶	2/3 杯
有盐黄油	50g	香草精	10 滴
蜂蜜	2 大勺	色拉油	适量

提前准备

1 将材料Ⓐ放入保鲜袋中混合均匀。

2 将黄油切成厚 1cm 的小块，和蜂蜜混合，隔水加热到黄油形状消失。

3 操作 30 分钟前将鸡蛋从冰箱中取出，室温下静置回温。

4 制作内芯。

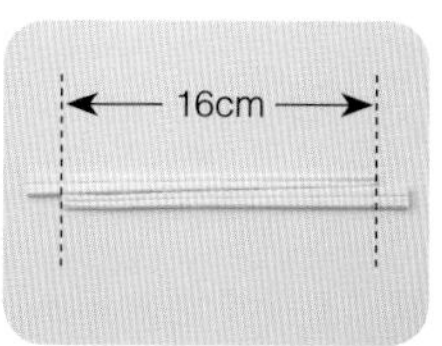

制作直径约 1.5cm 的内芯。将两双一次性筷子的筷头和筷尾交叉摆好，形成相同的宽度，剪成 16cm 长。

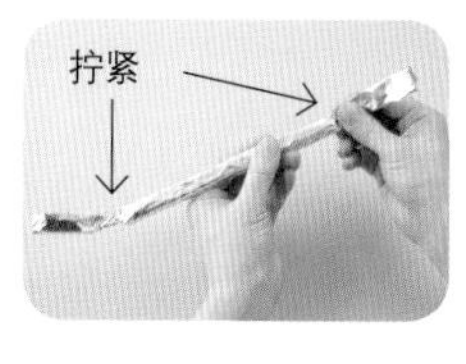

用锡纸包裹一次性筷子，将两端拧紧包好。

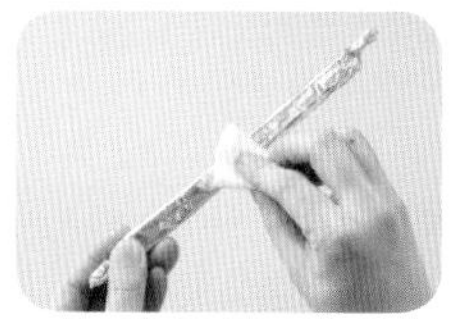

用浸有色拉油的厨房纸涂抹。

制作面团

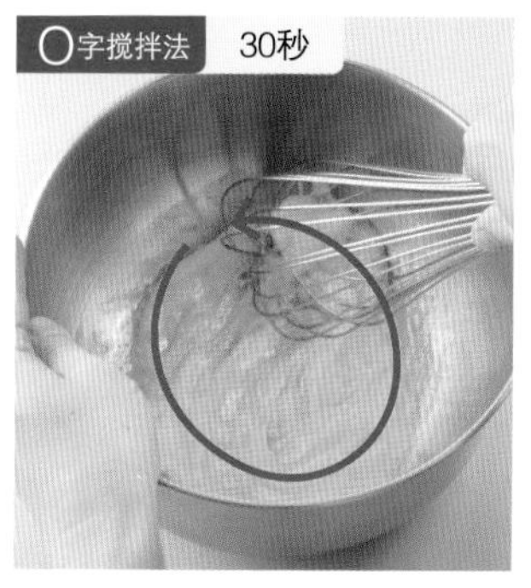

1 搅拌蛋液

碗内打入鸡蛋，用打蛋器像搅碎蛋黄一样搅拌，搅拌 30 秒，让蛋黄和蛋白混合均匀。

2 搅拌砂糖

放入砂糖，搅拌到砂糖融化。

3 搅拌粉类

将提前准备1过筛放入，用打蛋器转圈搅拌，搅拌到没有生粉。

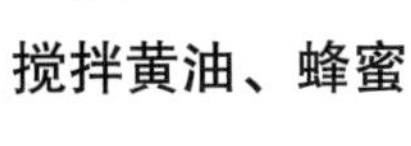

4

搅拌黄油、蜂蜜

放入提前准备2。

用力搅拌到顺滑。

5

搅拌牛奶、香草精

将牛奶分两次放入，每次都搅拌均匀。

诀窍

首先放入一半，将面糊搅拌到顺滑，剩余的就容易搅拌了。

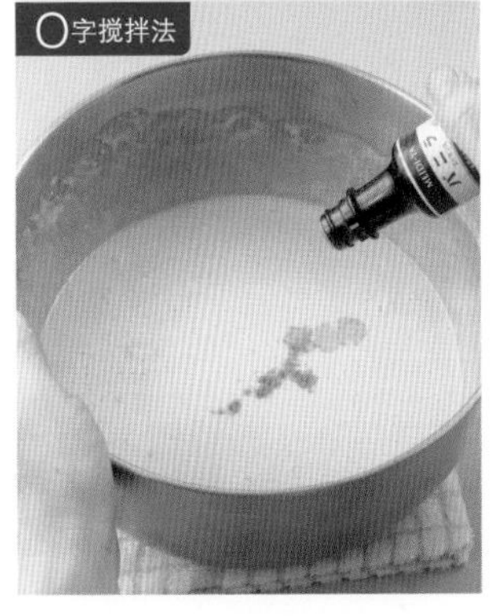

继续放入香草精搅拌均匀。

烘烤面糊

6

将面糊倒成四边形，烘烤

平底锅中火加热，用浸有色拉油的厨房纸薄薄擦拭。放在浸湿的抹布上静置 10 秒散热，舀出不到 1 勺的面糊，倒成 16cm 长的正方形。

中火 烤1分30秒

盖上锅盖，中火烤 1 分 30 秒，表面出现气泡、边缘烤干后，将提前准备4放在右端，慢慢卷起。

中火 滚动1分30秒~2分钟

慢慢滚动，整体烤出焦黄色，取出放在方盘内。

7

卷起饼皮

平底锅加热约 30 秒，用厨房纸薄薄抹上一层色拉油。放在浸湿的抹布上静置 10 秒散热，舀出不到 1 勺的面糊，倒成 16cm 长的正方形。

中火 烤1分钟~1分30秒

盖上锅盖，烤1分钟~1分30秒，表面烤干后放上步骤6的面卷，将收尾处朝下，同样边烤边卷。

诀窍

第1片和第2片都是1分30秒，之后的烤1分钟~1分30秒，饼皮表面略微烤干后开始卷起。

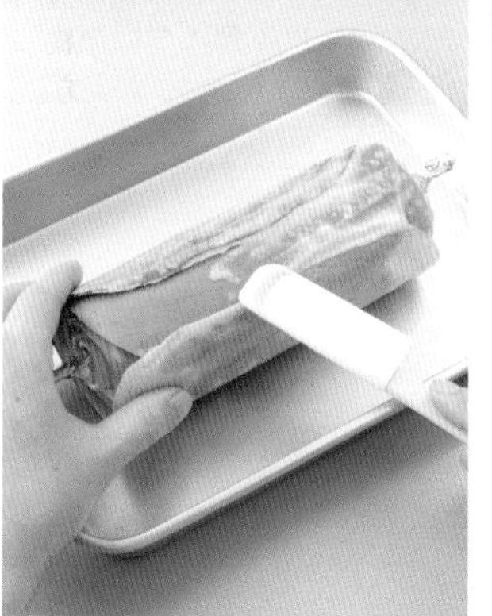

重复烘烤至没有面糊。最后饼皮无法卷起时，将剩在碗里的面糊用橡皮刮刀涂抹。

边烘烤边用手轻轻滚动。涂抹的部分放在平底锅上烤干。

从方盘中取出放凉，盖上保鲜膜静置。饼皮完全放凉后取出内芯，切成方便食用的大小。

如日式糕点一样的柔和味道！

抹茶年轮蛋糕

材料	直径6cm×15cm 1个
Ⓐ 低筋面粉	100g
Ⓐ 抹茶	5g
Ⓐ 粳米粉	30g
Ⓐ 泡打粉	1小勺
有盐黄油	50g
蜂蜜	2大勺
砂糖	80g
鸡蛋	2个
牛奶	2/3杯
色拉油	适量

操作时间 * **约40分钟**

保存期限 * **常温3天**

提前准备

1 和年轮蛋糕的提前准备1~4相同。

做法

1. 按照年轮蛋糕的步骤1~7的要点制作（不使用香草精）。

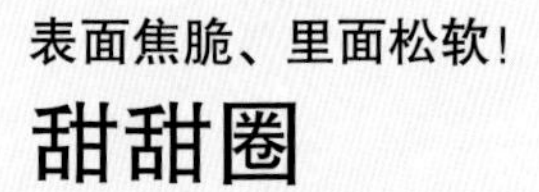

表面焦脆、里面松软！

甜甜圈

操作时间 * **约50分钟**
（静置面团除外）

保存期限 * **常温2天**

真规子老师的建议

粉类分两次放入，所以要提前过筛备用。为了避免面团状态急速变化，粉类和水分（蛋液和酸奶）交叉搅拌，认真操作。

材料	8 个

Ⓐ
- 低筋面粉…… 200g
- 泡打粉…… 2 小勺

有盐黄油…… 30g

砂糖…… 50g

Ⓑ
- 鸡蛋…… 1 个
- 原味酸奶…… 3 大勺

炸油……适量

Ⓒ
- 砂糖…… 80g
- 水…… 1/2 杯

柠檬皮屑…… 1/2 个柠檬的量

提前准备

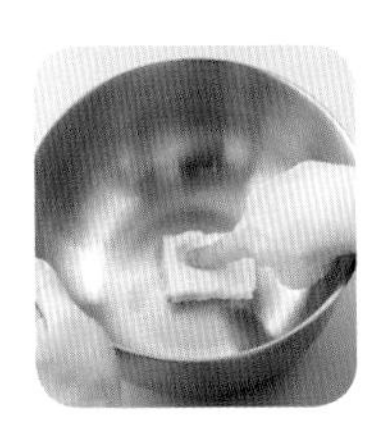

1 碗内放入黄油，室温下静置回温。

2 将材料Ⓐ混合均匀后过筛备用。

3 将材料Ⓑ的鸡蛋打散，放入原味酸奶，搅拌均匀。

4 准备 8 张 10cm 长的油纸。

5 柠檬皮屑参考 P13 准备。

制作面团

1 搅拌黄油

将提前准备1用橡皮刮刀搅拌 1 分钟。

2 搅拌砂糖

放入砂糖。

搅拌 1 分钟，搅拌到砂糖融化、质地顺滑。

3

搅拌粉类、蛋液、酸奶

放入一半提前准备2，粗略搅拌后和粉类、黄油混合均匀。

中间按压凹陷，倒入提前准备3。

用橡皮刮刀用力搅拌，搅拌到没有生粉。

放入剩余的提前准备2，将粘在碗边缘的面团和水分刮下，继续用力搅拌。

诀窍

粉类和水分（蛋液和酸奶）交叉放入，以免面团油水分离。

4

静置面糊

将面团揉成团后揉圆，压平后用保鲜膜包裹，冷藏 1 小时。

制作糖浆

5

制作糖浆

小锅内倒入材料Ⓒ，煮沸后放入提前准备5，倒入碗内放凉。

面团整形

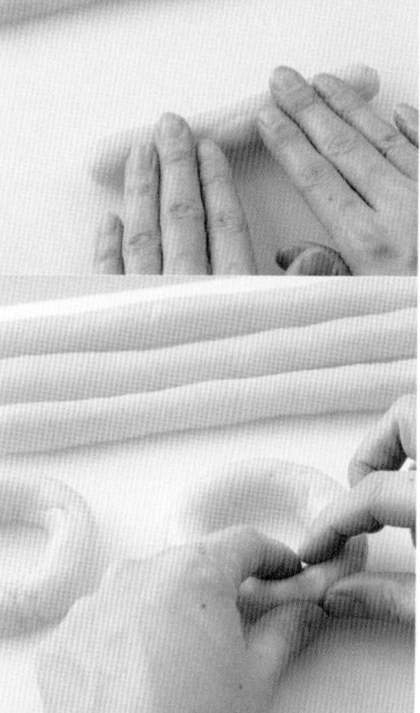

6

整成圆形

将面团分成 8 等份，每份用手指滚圆约30秒，揉成 20cm 长的棒状。

将两端揉在一起，做成圆形。

上下翻面，背面也要揉圆，放在提前准备4上方便处理。

油炸面团

7 油炸

平底锅内倒入2cm深的炸油，加热到170℃，每次放入4个，中火炸1分30秒。

翻面再炸1分30秒，放在炸网上2~3分钟散热（油纸会自然脱落，要取出来）。

趁热将甜甜圈放入步骤5的糖浆内蘸湿，放在炸网上散热。

诀窍

甜甜圈趁热蘸湿，裹上糖浆，做出外表酥脆、里面松软的口感。

怀念的油炸面包一样的味道！

肉桂甜甜圈

材料 8个

Ⓐ	低筋面粉	200g
	泡打粉	2小勺
	肉桂粉	1/2小勺
	有盐黄油	50g
	砂糖	50g
Ⓑ	鸡蛋	1个
	原味酸奶	2大勺
	炸油	适量
Ⓒ	糖粉	4大勺
	肉桂粉	1/2小勺

操作时间 ＊ **约50分钟** 保存期限 ＊ **常温当天**
（静置面团除外）

提前准备

1 和甜甜圈的提前准备1~3相同。
2 材料Ⓒ混合均匀，铺在方盘内。

做法

1. 按照甜甜圈的步骤1~4制作面团。
2. 将面团分成8等份，每个揉搓约30秒，整理成长15cm的棒状。
3. 按照甜甜圈的步骤7的要点油炸（不使用油纸），趁热淋上提前准备2。

味道浓郁的巧克力搭配核桃！

布朗尼蛋糕

真规子老师的建议

操作时间 ＊ **约50分钟**
保存期限 ＊ **常温3天**

将油脂较多的巧克力和黄油隔水加热融化，要趁热搅拌，不然面糊会凝固，成品也会变差。处理巧克力时一定要控制温度。

材料　直径 15cm 的羊羹模具　1 个

Ⓐ
- 低筋面粉……100g
- 可可粉……20g
- 泡打粉……1 小勺

板状巧克力（黑巧克力）……100g
有盐黄油……80g
鸡蛋……2 个
砂糖……80g

Ⓑ
- 核桃……30g
- 葡萄干……30g
- 板状巧克力……50g

【装饰用】
核桃……20g

提前准备

1 将材料Ⓐ放入保鲜袋中混合均匀。

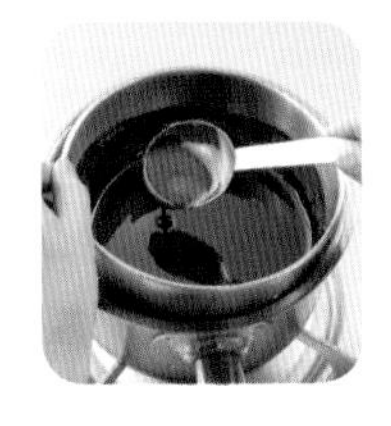

2 将板状巧克力切粗末，黄油切成 1cm 厚的小块，混合后隔水加热，用汤勺搅拌融化。

3 将材料Ⓑ的板状巧克力切粗末。核桃用手捏碎。装饰用的核桃也捏碎备用。

4 操作 30 分钟前将鸡蛋从冰箱中取出，室温下静置回温。

5 将油纸切成合适大小，铺入模具中。

6 烤箱预热到 170℃。

制作面团

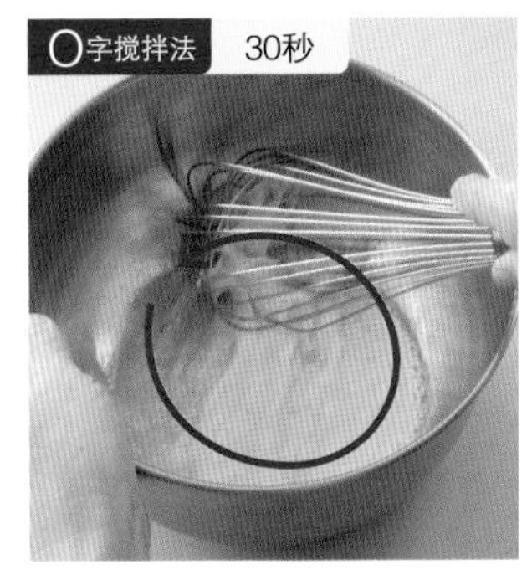

1 搅拌蛋液

碗内打入鸡蛋，用打蛋器像搅碎一样搅拌蛋黄，搅拌 30 秒，将蛋黄和蛋白混合均匀。

2 搅拌砂糖

放入砂糖，搅拌 30 秒，搅拌到砂糖融化。

3 搅拌粉类

提前准备1过筛放入。

用打蛋器搅拌到没有生粉。

4

搅拌巧克力、黄油

趁热放入提前准备2。

用力搅拌均匀。

搅拌到提起打蛋器。面糊缓缓落下，残留形状。

诀窍

巧克力和黄油常温下会凝固，要趁热搅拌。

5

搅拌核桃、葡萄干、巧克力

放入材料Ⓑ。

改用橡皮刮刀，搅拌均匀。

烘烤面糊

6

倒入模具中烘烤

倒入模具中，轻轻磕几下模具，让表面平整。

撒上装饰用的核桃，放入烤箱烘烤35~40分钟。烘烤完毕后，提起油纸，慢慢脱模，放在蛋糕架上散热。

咖啡味道的醇厚糕点！

卡布奇诺布朗尼蛋糕

材料 6cm×6cm 的杯子蛋糕模具 6个

Ⓐ	低筋面粉	40g
	可可粉	40g
	泡打粉	1小勺
板状巧克力（黑巧克力）		80g
Ⓑ	有盐黄油	80g
	速溶咖啡粉	1小勺
	牛奶	2大勺
鸡蛋		2个
砂糖		80g
【装饰用】		
速溶咖啡粉		1小勺
棉花糖		50g

操作时间 ＊ **约1小时10分钟**

保存期限 ＊ **常温3天**

a

提前准备

1 将板状巧克力切粗末，材料Ⓑ的黄油切成1cm厚的小块，和其他材料混合，隔水加热，用汤勺搅拌融化。

2 将材料Ⓐ放入保鲜袋中混合均匀。

3 操作30分钟前将鸡蛋从冰箱中取出，室温下静置回温。

4 烤箱预热到170℃。

做法

1. 碗内打入鸡蛋，用打蛋器像搅碎一样搅拌蛋黄，搅拌30秒，将蛋黄和蛋白混合均匀。放入砂糖，搅拌30秒，搅拌到砂糖融化。
2. 将提前准备2过筛放入碗内，用打蛋器搅拌到没有生粉。
3. 趁热放入提前准备1，用力搅拌均匀。
4. 均匀倒入模具中，放入烤箱烘烤15分钟。
5. 中途打开烤箱，快速放上装饰用的棉花糖、速溶咖啡粉（图a），继续烘烤7~8分钟，烤到棉花糖呈焦色。
6. 烘烤完毕后放在蛋糕架上散热。

用圆锥形裱花袋创新

水和糖粉搅拌成奶油状挤出，装饰在饼干或者玛芬上，努力尝试制作糖霜吧！也可以放入一点食用色素来上色。

糖霜的做法

1

准备约 100g 糖粉，倒入少量水，用迷你刮刀搅拌均匀。

2

一点点倒入水调整状态，舀起时能变细且缓缓落下就可以了。

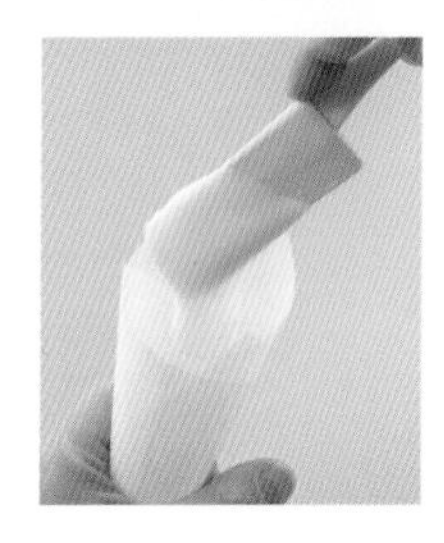

3

从圆锥形裱花袋的开口上方倒入步骤 2 的糖霜。

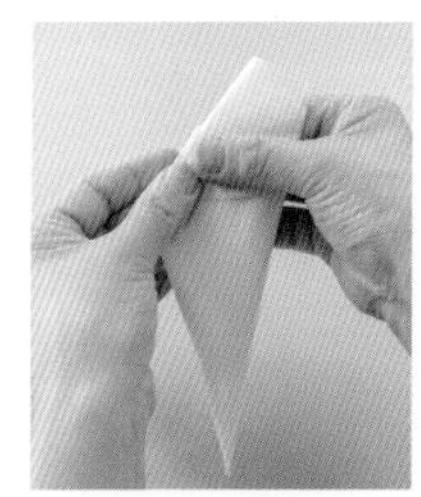

4

装满裱花袋，从裱花袋开口的左边斜着折起来。

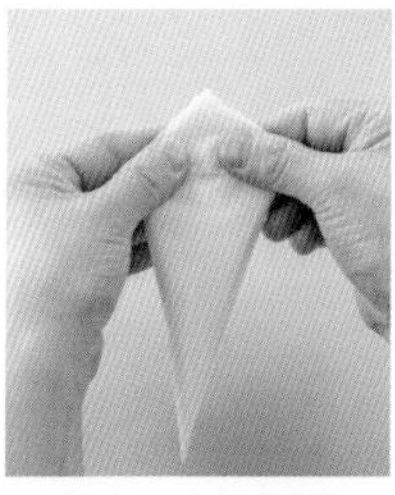

5

右边也斜着折起。

6

为了避免从背面溢出，最后将中间向内侧折起。

7

挤出前将裱花袋的尖端用剪刀剪出合适大小。

8

从上方像缓缓垂落一样挤出糖霜描绘。

圆锥形裱花袋的做法

使用油纸或者描图纸。

1

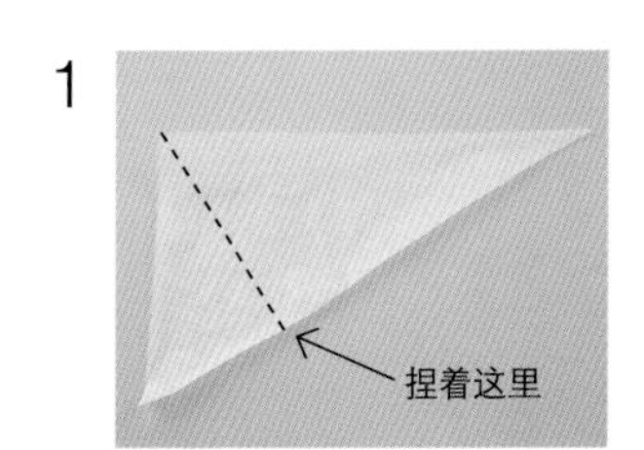

将 A4 纸沿着对角线对折，折成三角形。捏着从直角顶点垂直向下的地方。

2

卷成圆锥形。

3

将纸往身体面前卷起。

4

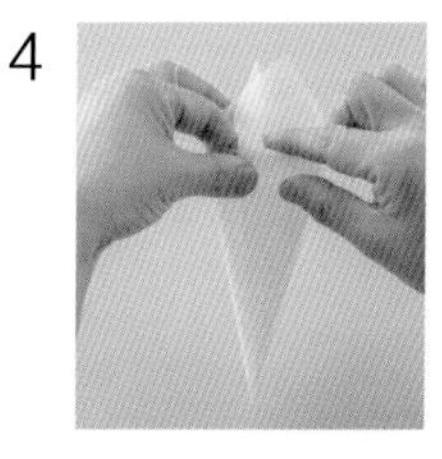

将上部凸出来的尖角向里面对折。

阶段2

搅拌方法略微复杂的糕点

习惯搅拌之后，就可以稍微提高难度了。
粗略切拌，用刮刀切拌，
挑战只需一点诀窍的糕点吧。
黄油、粉类和蛋液的搅拌方法不同，
制作各种口感的糕点吧！

切拌粉类做出轻盈的口感！

葡萄干曲奇

操作时间 * **约1小时**

保存期限 * **常温1周**

真规子老师的建议

要点在于不能形成过多面筋。为了做出松脆的口感，放入粉类后无需搅匀，像描绘 I 字一样（切下）搅拌。

材料	15个

Ⓐ[低筋面粉…………………………150g
　 肉桂粉…………………………1/4小勺
无盐黄油…………………………100g
三温糖…………………………50g
鸡蛋…………………………1/2个（约粉类的20%）
葡萄干…………………………30g

材料比例
粉类：黄油：三温糖＝3：2：1

提前准备

1. 黄油切成1cm厚的小块，放入碗内，室温下软化。
2. 操作30分钟前将鸡蛋从冰箱中取出，室温下静置回温。
3. 将材料Ⓐ混合均匀后过筛备用。
4. 油纸剪成合适大小，铺入烤盘中。
5. 烤箱预热到180℃。

制作面团

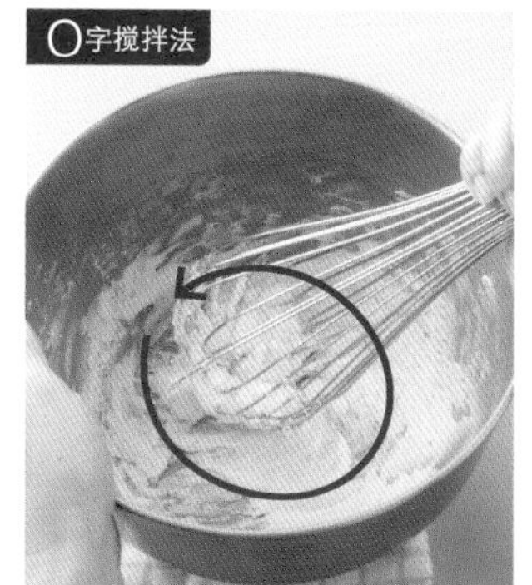

1 搅拌黄油

将提前准备1用打蛋器搅拌到奶油状。

2 将三温糖分两次放入搅拌

三温糖难以搅拌均匀，所以要分两次放入。

> **诀窍**
> 分两次放入，三温糖容易融化，面糊质地也变得轻盈。

O字搅拌法　2分钟

放入一半后搅拌，搅拌到砂糖融化，放入剩余三温糖后，像打发一样搅拌2分钟。

搅拌到混入大量空气、颜色发白、面糊质地轻盈就可以了。

3

分两次放入蛋液搅拌

将鸡蛋打散，分两次放入。

每次都要用打蛋器转圈搅拌。

> 诀窍
>
> 为了避免鸡蛋（水分）和黄油（油脂）分离，要在室温下静置回温，分两次放入搅拌。

4

搅拌葡萄干

放入葡萄干，用橡皮刮刀粗略搅拌。

5

分两次放入粉类搅拌

放入一半的提前准备 3。

这里使用I字搅拌法切拌。

搅拌到面糊绵润后放入剩余粉类，搅拌到没有生粉，无需搅拌均匀。

> 诀窍
>
> 注意不要搅拌过度，不要形成面筋！

烘烤面糊

6

放在烤盘上烘烤

舀出1大勺面糊（20g），有间隔地摆在烤盘上。放入烤箱烘烤 18~20 分钟。

烤到整体焦黄色后取出，放在蛋糕架上散热。

可可香气浓郁的饼干

双重巧克力曲奇

材料 10个

Ⓐ 低筋面粉………………………… 130g
　 可可粉…………………………… 20g
无盐黄油………………………… 100g
三温糖……………………………… 50g
鸡蛋……………1/2个（约粉类的20%）
板状巧克力（甜巧克力）………… 50g

操作时间 ＊ **约1小时**　保存期限 ＊ **常温1周**

提前准备

1. 黄油切成1cm厚的小块，放入碗内，室温下软化。
2. 操作30分钟前将鸡蛋从冰箱中取出，室温下静置回温。
3. 板状巧克力切成1cm的小块。
4. 将材料Ⓐ混合均匀后过筛备用。
5. 油纸剪成合适大小，铺入烤盘中。
6. 烤箱预热到180℃。

做法

1. 按照葡萄干曲奇的步骤1~2的要点制作。
2. 将鸡蛋打散，倒入一半后用力搅拌，搅拌均匀后倒入剩余蛋液搅拌均匀。
3. 放入提前准备3，用橡皮刮刀粗略搅拌。
4. 放入一半的提前准备4，这里使用I字搅拌法搅拌。搅拌到面糊绵润后放入剩余粉类，搅拌到没有生粉。
5. 分两次烘烤。舀出约1/10的面糊，有间隔地摆在烤盘上，每盘放5块，用手掌压出直径约7cm的圆饼（图a）。将切成1cm小块的巧克力（分量外）嵌入面糊表面（图b）。
6. 放入烤箱烘烤18~20分钟。烤到面糊的巧克力色变浓后取出，放在蛋糕架上散热。

a

b

酥脆的饼干适合搭配核桃！

冰箱饼干

操作时间 ＊ **约1小时30分钟**
（静置面团时间除外）

保存期限 ＊ **常温1周**

真规子老师的建议

将黄油用 S 字搅拌法搅拌均匀，做成酥脆的口感。另外，将面团放凉后，黄油状态更稳定，这样才能整出漂亮的形状。熟悉之后，可以创新做出压模饼干。

材料	36~40 块

低筋面粉……………………………………… 160g
无盐黄油……………………………………… 80g
砂糖…………………………………………… 80g
蛋黄…………… 1 个鸡蛋的量（约粉类的 10%）
香草精………………………………………… 适量
核桃…………………………………………… 30g
细砂糖……………………………………… 4 大勺
高筋面粉（手粉用）………………………… 适量

材料比例
粉类：黄油：砂糖 =2：1：1

提前准备

1 将黄油切成 1cm 厚的小块，放入碗内，室温下软化。

2 操作 30 分钟前将蛋黄（鸡蛋）从冰箱中取出，室温下静置回温。

3 低筋面粉过筛备用。

4 核桃用手捏碎。

制作面团

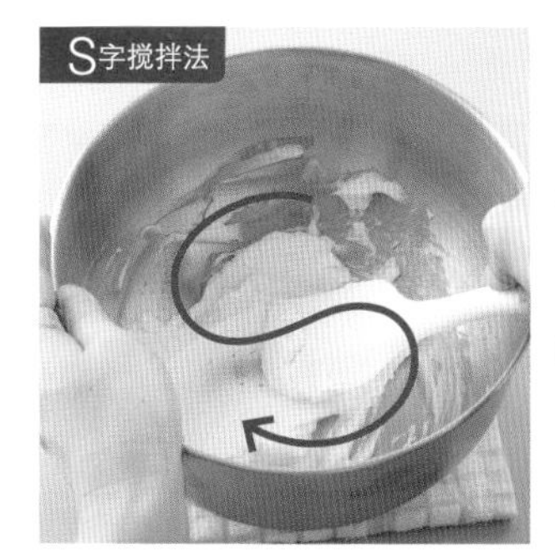

1 搅拌黄油

用橡皮刮刀将提前准备1搅拌成奶油状。

2 分两次放入砂糖搅拌

放入一半砂糖，搅拌到砂糖融化，放入剩余砂糖，搅拌到颜色发白。

> **诀窍**
> 感觉像是用砂糖将黄油搅碎一样，用 S 字搅拌法搅拌。

3 搅拌蛋黄、香草精、核桃

放入蛋黄搅拌均匀，继续放入香草精搅拌。

放入提前准备4搅拌。

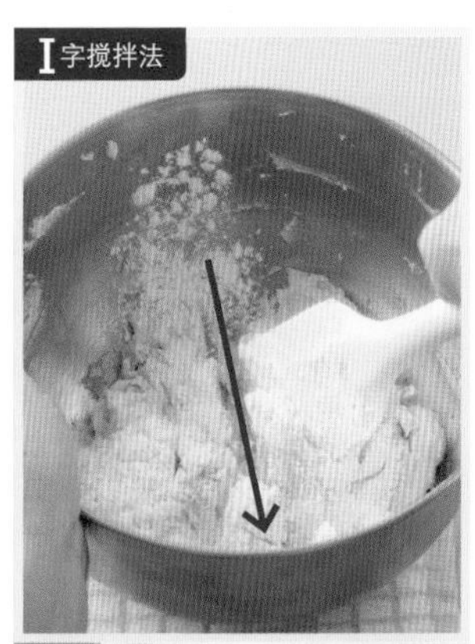

4

分两次放入粉类搅拌

放入一半提前准备3，这里使用 I 字搅拌法切拌。

无需搅匀，像将粉类拌入面团中一样切拌。

搅拌到略有生粉后放入剩余粉类。

搅拌到没有生粉，无需搅匀，切拌成团。

面团整形

5

整形

在案板上撒上手粉。

将碗中的面团分成 2 等份。

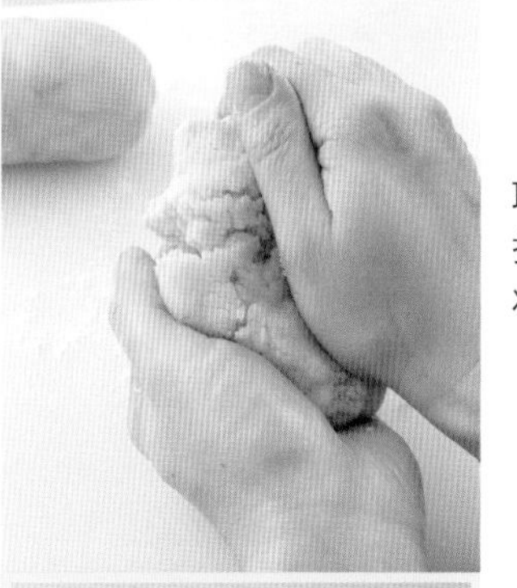

取出一块面团，用手揉捏挤出空气，揉成圆柱状。

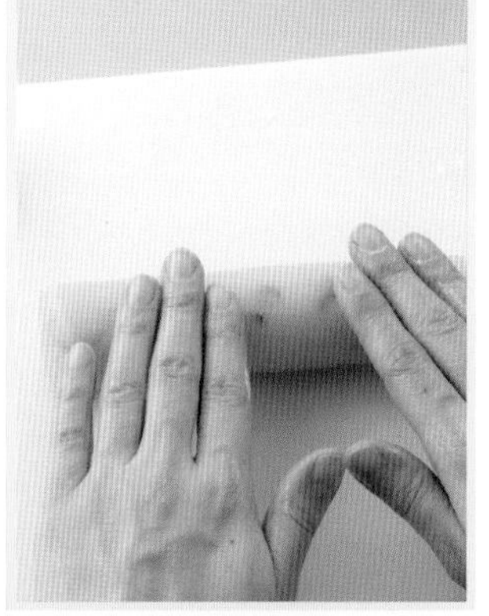

在撒有手粉的案板上揉搓，揉成长 15cm、直径 3cm 的圆柱状。

诀窍

揉搓幅度越大，越能揉出整齐的圆柱状。

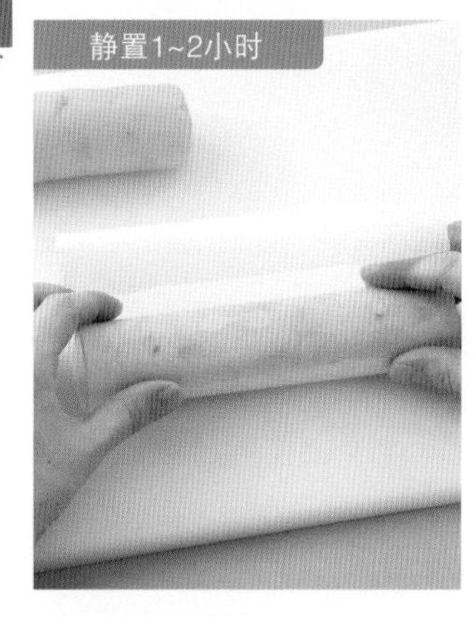

6

静置面糊

用油纸包裹，冷冻 1~2 小时（这种状态下用保鲜膜紧紧包裹好后，也可以冷冻保存。烘烤时半解冻就可以了）。

烘烤面糊

7

摆在烤盘上烘烤

烤箱加热到 170℃。将面团的油纸撕下，静置 15 分钟，表面用刷子薄薄刷上一层水，在方盘内滚动粘上细砂糖。

砂糖凝固后，用手轻轻按压。

将面团半解冻后，切成 8mm 厚的圆片。

分两次烘烤。烤盘铺上油纸，有间隔地摆在上面，放入烤箱烘烤 15~18 分钟。烘烤完毕后放在蛋糕架上散热。

放入椰蓉，口感酥脆美味！

三角饼干

材料 25~30 块

低筋面粉	160g
无盐黄油	80g
砂糖	60g
橙皮果酱	50g
香草精	适量
椰蓉（搅拌用）	2 大勺
椰蓉（装饰用）	4 大勺

操作时间 * **约1小时30分钟**（静置面团时间除外）
保存期限 * **常温1周**

提前准备

1 和冰箱饼干的提前准备1、3相同。

做法

1. 按照冰箱饼干的步骤 1~4 的要点制作。步骤 3 中不使用蛋黄，放入香草精、椰蓉（搅拌用）搅拌均匀。继续分两次放入橙皮果酱，每次都搅拌均匀。

2. 按照步骤 5 的要点将面团揉成圆柱状，边使用刮板边整理成长 12cm、边长 4cm 的三角柱状。

3. 按照步骤 6 的要点静置面团，按照步骤 7 的要点分切面团，烘烤（用装饰用的椰蓉代替细砂糖使用）。

材料	30 块

Ⓐ
- 低筋面粉…………120g
- 杏仁粉…………60g
- 泡打粉…………1/2 小勺

无盐黄油…………90g
砂糖…………40g
糖粉…………80g

提前准备

1 将黄油切成 1cm 厚的小块，放入碗内，室温下软化。
2 将材料Ⓐ混合均匀后过筛备用。

轻盈易碎的人气饼干！

雪球饼干

操作时间 ＊ **约1小时**
（静置面团除外）
保存期限 ＊ **常温1周**

真规子老师的建议

杏仁粉是低筋面粉的一半，做出没有黏性、质地蓬松的面团。静置面团后方便操作，面筋的作用减弱，烘烤之后口感更蓬松。

制作面团

1
打发黄油

用打蛋器搅拌提前准备1，放入砂糖，用O字搅拌法打发约2分钟，打发到颜色发白。比完全打发更蓬松。

2
分两次放入搅拌

放入一半提前准备2。

改用橡皮刮刀，这里无需搅拌，使用I字搅拌法切拌。

搅拌到面糊绵润后放入剩余粉类，同样搅拌到没有生粉。

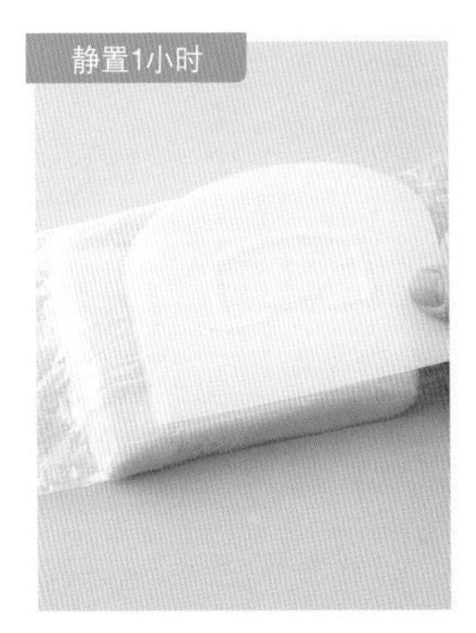

3
静置面糊

用手揉圆，从碗中取出，用保鲜膜包裹，摊成刮板大小的面皮，冷藏1小时。

诀窍

静置面团，面筋的作用减弱。另外，冷却后面团不粘手，更方便操作。

烘烤面团

4
摆在烤盘上烘烤

分两次烘烤。烤箱加热到170℃。将面团分成30等份后揉圆，烤盘铺上油纸，有间隔地摆在上面。放入烤箱烘烤16~18分钟。轻轻放在蛋糕架上散热，方盘撒上糖粉，表面略温热后撒在上面。

也可以使用可可粉！

抹茶雪球饼干

材料 30个

- Ⓐ
  - 低筋面粉……120g
  - 杏仁粉……60g
  - 泡打粉……1/2小勺
  - 抹茶……4g
- 无盐黄油……90g
- 砂糖……40g
- Ⓑ[糖粉……70g　抹茶……10g]

操作时间 * **约1小时**　保存期限 * **常温1周**

（静置面团除外）

提前准备
1 和雪球饼干的提前准备1、2相同。
2 混合均匀材料Ⓑ后过筛备用。

做法

按照冰箱饼干的步骤1~4的要点制作（用材料Ⓑ代替糖粉使用）。放入抹茶的糖粉容易融化，要完全放凉后再撒在饼干上。

外表朴素、里面绵润！

司康

操作时间 ＊ **约1小时**
（静置面团时间除外）

保存期限 ＊ **常温3天**

真规子老师的建议

像粉类搅碎黄油一样搅拌，做出层次。为了避免手的热量导致黄油融化，要在提前准备阶段放凉黄油，不用搅拌，重复切拌、叠加即可。

材料	6 个

Ⓐ
- 低筋面粉……160g
- 泡打粉……1 小勺
- 砂糖……30g

有盐黄油……50g

蛋液：鸡蛋 1 个（50g）+ 牛奶……60mL

牛奶（增添光泽用）……适量

高筋面粉（手粉用）……适量

提前准备

1 黄油切成 5mm 厚的小块，冷藏。

和粉类混合搅碎时要薄薄切下且放凉，做出酥粒的口感。

2 将材料Ⓐ混合均匀后冷藏。

3 将鸡蛋打散，倒入牛奶，制作 60mL 的蛋液，冷藏。

放入方盘内，备齐后冷藏备用。

制作面团

1 搅拌粉类和黄油

将提前准备2过筛到碗内，放入提前准备1，使其被面粉裹住。

边使黄油裹上面粉，边用刮板搅碎成小豆子大小。

双手慢慢揉搓，做出更细的酥粒。

诀窍 为了尽量避免手传导热量，一定要抓住足够的粉类，细细摩擦。

做出细腻的酥粒后，用手指摩擦，让面团绵润，做成奶酪粉状。

诀窍 黄油粒和粉类混合，面筋难以形成，面团做出层次，形成酥松的口感。

2 搅拌蛋液

在中间按压出凹陷，倒入提前准备3。

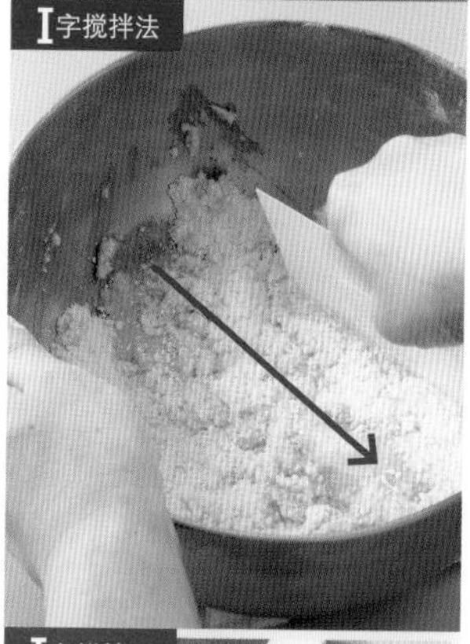

粗略搅拌后，用刮板进行I 字搅拌法搅拌，将面团切拌、叠加。

用刮板或者手指重复切拌、叠加的动作。

这里的搅拌面团是为了糕点成品后更坚硬。

在碗内将面团揉成蓬松的状态。

3 静置面团

用保鲜膜包裹，切成10cm 长摊平，冷藏 1小时。

烘烤面团

4 压模烘烤

烤盘加热到 180℃。烤盘铺上油纸。案板撒上用作手粉的高筋面粉，放上面团，用手揉成12cm 长、2cm 厚的面皮，用直径 5cm 的压模（或者杯子）压出 4 个。

按压后剩余的面团

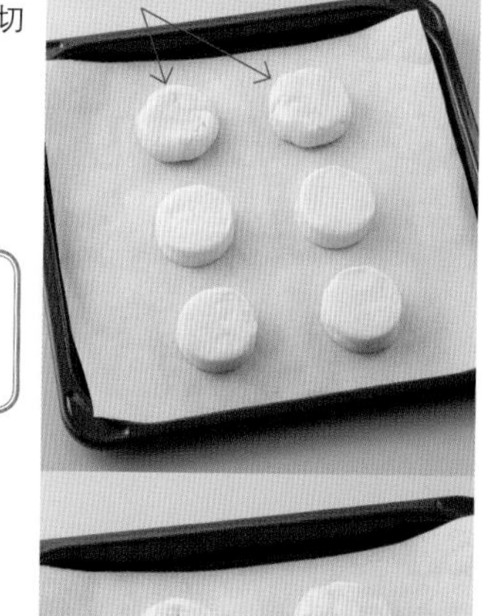

将剩余的面团揉圆后分成 2 等份，揉成直径5cm、厚 2cm 的面皮。有间隔地摆在烤盘上，共摆上 6 个。

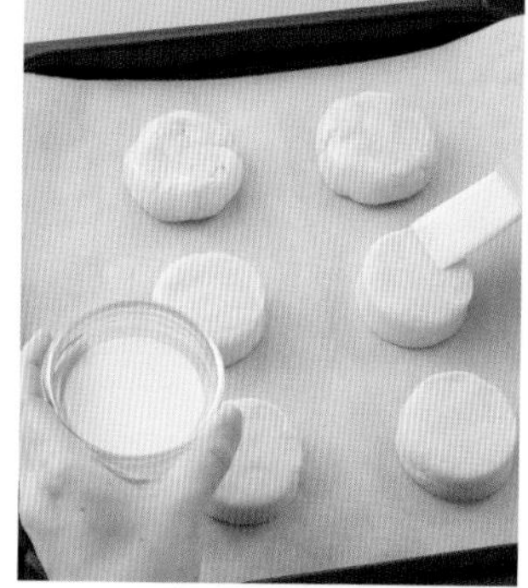

摆在烤盘上，表面用刷子薄薄刷上一层牛奶。放入烤箱烘烤 18~20 分钟。烘烤完毕后放在蛋糕架上散热。

司康
创新

苹果的甘甜搭配生姜非常合适！

生姜蛋糕

材料	直径 15cm 圆形模具　1 个
Ⓐ 低筋面粉	150g
Ⓐ 泡打粉	1 小勺
Ⓐ 三温糖	70g
有盐黄油	70g
鸡蛋	2 个
生姜末	1 片生姜的量
苹果	1/2 个（150g）

操作时间 ＊ **约1小时10分钟**

保存期限 ＊ **常温3天**

a

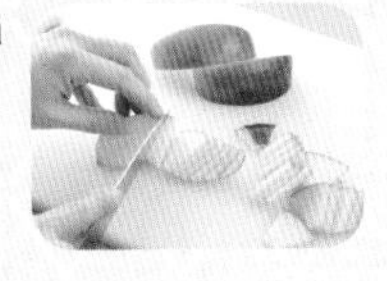

提前准备

1 黄油切成 5mm 厚的小块，冷藏备用。

2 将材料Ⓐ混合均匀后冷藏。

3 烤箱预热到 170℃。

4 苹果带皮切成 5mm 厚的瓣状（图 a）。

5 将油纸剪成适当大小，铺入模具中。

做法

1. 将提前准备2过筛到碗内，放入提前准备1，边裹上面粉，边用刮刀切拌成小豆子大小，双手慢慢揉搓，揉成绵润的奶酪粉状。

2. 中间按压出凹陷，放入打散的蛋液和生姜末，用I字搅拌法切拌、叠加，注意不要搅拌出黏性。放入提前准备4搅拌。

3. 倒入提前准备5中，放入烤箱烘烤 40~45 分钟。烘烤完毕后脱模，放在蛋糕架上散热。

面团叠加做出层次!

叶子派

真规子老师的建议

操作时间 ＊ **约1小时30分钟**
（静置面团时间除外）

保存期限 ＊ **常温1周**

黄油量较多，为了避免手的热量使其融化，一定要将材料冷却。搅拌时使用刮板或者手指，略微揉圆后，将凹凸不平的面团叠加、揉圆做出层次，再使其膨胀。

材料	12~15 块

有盐黄油……………………………………100g
低筋面粉……………………………………150g
凉水…………………………………… 3½~4 大勺
高筋面粉（手粉用）……………………… 适量
【装饰用】
细砂糖………………………………… 4 大勺

材料比例
粉类:黄油:水 =3:2:1

提前准备

1 黄油切成 5mm 厚的小块，冷藏备用。

2 低筋面粉冷藏备用。

制作面团

1 搅拌粉类和黄油

将提前准备2过筛到碗内，放入提前准备1，边让黄油裹上面粉边叠加，切成棒状。

细细切碎成大豆大小。

边继续用手指将粉类和黄油融合，边撕碎揉搓，做成小豆大小的蓬松状态。

诀窍
为了避免黄油软化，中途放入冰箱冷却。

2 倒入凉水

中间按压出凹陷，慢慢倒入凉水。

3 不要搅拌、叠加面团

让水分和粉类、黄油混合均匀。使用刮板从外侧向中间叠加面团。

用I字搅拌法切拌面团，将面团搅拌成同样大小的酥粒。

尽量避免手的热量传导至面团中，用手指和刮板上下翻拌。

将面团拢起后用手按压，揉成团。重复4次"切拌、上下翻拌、揉匀"。

> **诀窍**
> 最后将面团搅拌到蓬松、略有生粉就可以了。注意这里不要搅拌过度。

案板撒上手粉（高筋面粉），用刮板将面团移到案板上，整形成刮板大小的四边形面皮。

4 继续切开、叠加

用刮板将面团对折切开、叠加。

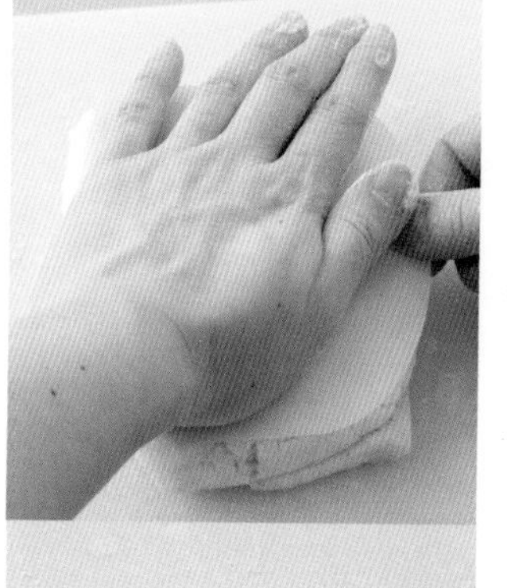

刮板按压面团，使面团伸展。这里重复4次。这是为了避免面团发黏，每次都要撒上手粉。

整形成比刮板略大一圈的四边形面皮。

用保鲜膜包裹，冷藏静置1小时以上。

5 取一半面团伸展

将面团分成2等份（6片），剩余面团用保鲜膜包裹，冷藏备用。案板、擀面棒撒上手粉。首先用擀面棒将面团轻轻按压，擀成略大一圈的面皮。继续一点点拉伸上下左右四边，拉伸成厚度均匀的面皮。

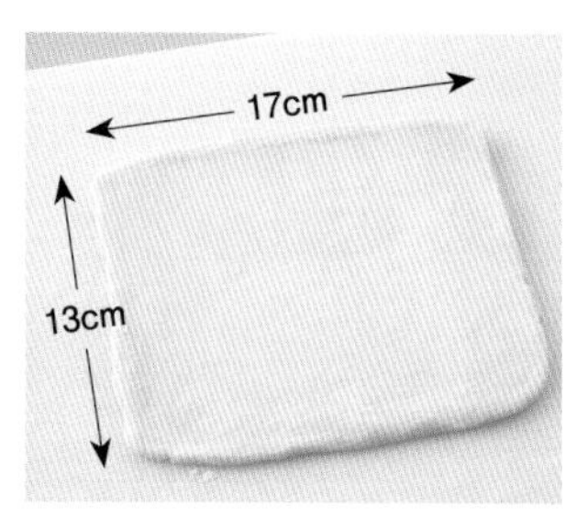

拉伸成 17cm×13cm、厚 5mm 的面皮。中途不断冷藏后操作，以免面团受热变软。

烘烤面团

6 用模具按压

用直径 5cm 的压模（或者杯子）压出 6 块，摆在方盘上（将剩余的面团揉匀，拉伸成 5mm 厚压模）。

盖上保鲜膜，冷藏15分钟以上。静置期间，将剩余的面团也用同样的方法整形。

7 整形烘烤

烤箱加热到 190℃。烤盘铺上油纸。案板撒上细砂糖，放上面团，用撒有薄薄一层手粉的擀面棒朝着一个方向擀，擀成长 11~12cm、厚 2mm 的面皮。

带有细砂糖的一面朝上，有间隔地摆在烤盘上，盖上保鲜膜，冷藏15分钟以上。

分两次烘烤。用刮板弯曲的一边刻入面团一半厚度，做出叶脉纹路。烤箱 190℃烘烤 10 分钟后，降到 180℃烘烤 7~8 分钟。放在蛋糕架上散热。

作为小吃或者下酒菜皆可！

奶酪棒

材料	30~40 根
有盐黄油	100g
低筋面粉	70g
高筋面粉	70g
凉水	2½~3 大勺
高筋面粉（手粉用）	适量
【装饰用】	
芝士粉	5 大勺
粗粒黑胡椒	少量

操作时间＊**约1小时30分钟**（静置面团时间除外）
保存期限＊**常温1周**

提前准备

1 和叶子派的提前准备1相同。
2 低筋面粉和高筋面粉混合均匀，冷藏。

做法

1. 按照叶子派的步骤 1~4 的要点制作。
2. 烤箱加热到 190℃。烤盘铺上油纸。将面团对半切（15~20 根的量），用擀面棒擀成 15cm×20cm、厚 3mm 的面皮。上下切拌后整形成 15cm 宽（图 a），用刷子薄薄刷上一层水，撒上芝士粉和粗粒黑胡椒。按压揉匀（图 b）后放入方盘中，盖上保鲜膜，冷藏 15 分钟以上，切成 1cm 宽的棒状。剩余的面团也用同样的方法整形。
3. 分两次烘烤。有间隔地摆在烤盘上，放入烤箱烘烤 15~20 分钟。放在蛋糕架上散热。

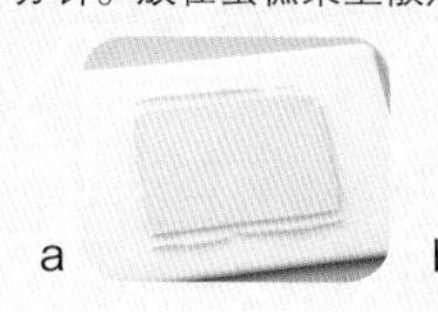
a

b

橙香浓郁的黄油蛋糕!

磅蛋糕

真规子老师的建议

黄油和砂糖用力打发，这样才能做出松软的糕点。粉类、黄油、砂糖和蛋液比例相同，这是制作糕点的基础准则。一定要认真掌握。

操作时间 ＊ **约1小时20分钟**

保存期限 ＊ **常温3天**

材料	17cm x 7cm x 6cm 的磅蛋糕模具　1 个

Ⓐ［低筋面粉……100g
　 泡打粉……1/2 小勺
无盐黄油……100g
砂糖……100g
鸡蛋……2 个
香草精……10 滴
Ⓑ［橙皮……1/2 个橙子的量
　 砂糖……2 小勺
Ⓒ［蜂蜜……1 大勺
　 君度酒（或者 100% 纯橙汁）……50mL

材料比例
粉类：黄油：砂糖：蛋液 =1：1：1：1

提前准备

1 黄油切成 1cm 厚的小块，放入碗内，室温下软化。

2 操作 30 分钟前将鸡蛋从冰箱中取出，室温下静置回温。

3 将材料Ⓐ混合均匀后过筛备用。

4 将Ⓑ的橙皮用盐揉搓后，用水洗净。表皮薄薄削去表面（图 a），切成细丝，放入砂糖揉搓约 1 分钟，室温下静置 30 分钟（图 b）。

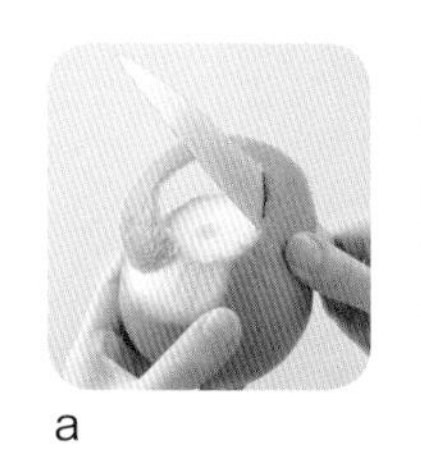
a

b

5 将油纸剪成合适大小，铺入模具中。

6 烤箱预热到 170℃。

制作面糊

1

打发黄油

将提前准备1用打蛋器搅拌成奶油状，放入一半砂糖，用 O 字搅拌法搅拌均匀后放入剩余的砂糖。

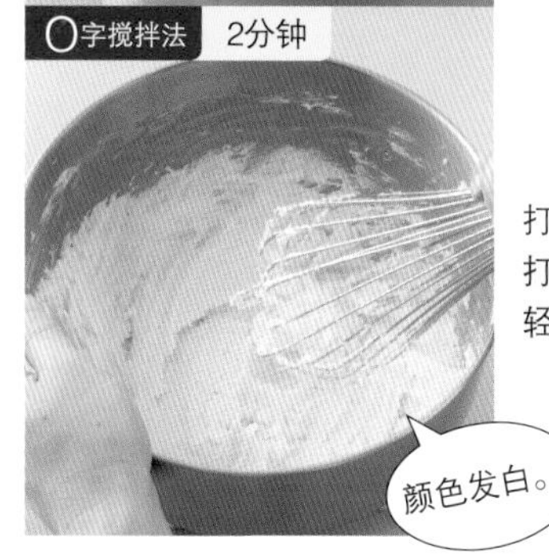

打发 2 分钟，混入空气，打发到颜色发白、质地轻盈。

2

分 5 次放入蛋液搅拌

将鸡蛋打散，分 5 次（每次 1~2 大勺）放入。

每次都要用力搅拌，直到呈奶油状。

诀窍

如果黄油漂浮、油水分离，放入 1~2 小勺材料Ⓐ，调整面糊状态。

3 搅拌香草精、橙皮

放入香草精搅拌。

放入提前准备4。

用橡皮刮刀搅拌均匀。

用橡皮刮刀穿过碗中间，到达边缘后手腕自然翻过，将面糊翻过来。用力搅拌到面糊出现光泽。

诀窍

边旋转碗，边有节奏地搅拌到没有生粉。

4 分3次放入搅拌

分3次放入提前准备3。

橡皮刮刀用**J**字搅拌法搅拌，搅拌到略有生粉，每次放入1/3的量。

烘烤面糊

5 倒入模具中烘烤

将步骤4的面糊倒入提前准备5中。

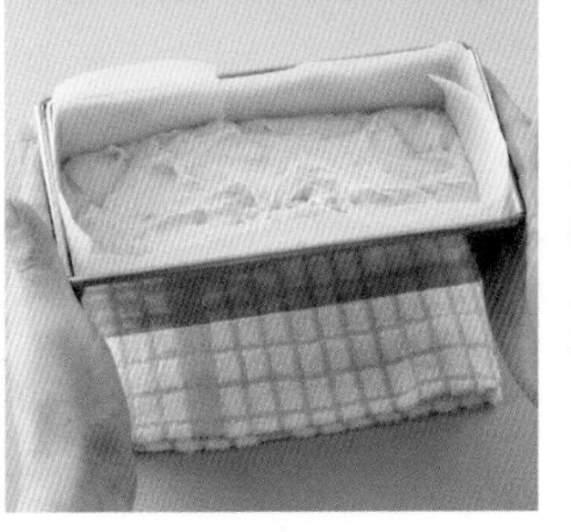

拿起模具，在铺有浸湿抹布的操作台上轻轻磕几下，使面糊表面变得平整，磕出里面的空气。

用橡皮刮刀在中间纵向切下。这样烘烤期间中间会自然裂开，出现膨胀。

放入烤箱烘烤30分钟，表面呈焦黄色后轻轻盖上锡纸，共计烘烤45~50分钟。

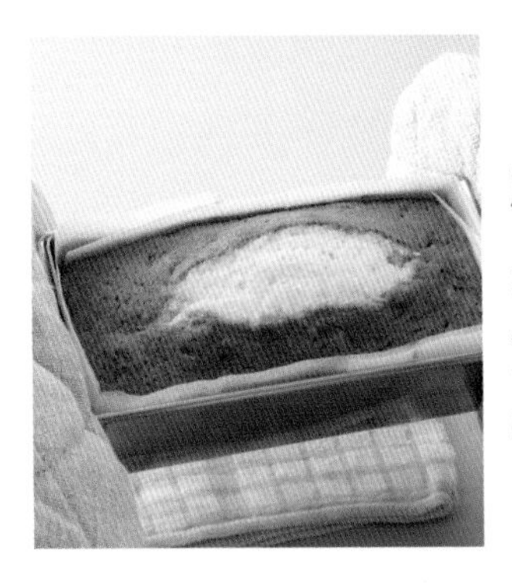

6 脱模

为了避免回缩，烤好后连同模具一起从约10cm高的地方磕下，脱模。

7 刷糖浆

放在蛋糕架上，趁热将混合均匀的材料Ⓒ用刷子刷满表面（避免干燥和油脂酸化，提高了保存性）。

诀窍

趁热刷上糖浆，让酒精和水分挥发，留下浓郁的味道和香甜。

柔软的海绵蛋糕搭配清新的洋梨！

焦糖洋梨蛋糕

磅蛋糕 创新

材料	17cm×7cm×6cm的磅蛋糕模具 1个
Ⓐ 低筋面粉	100g
Ⓐ 泡打粉	1/2小勺
无盐黄油	100g
砂糖	100g
鸡蛋	2个
焦糖	4块
洋梨（罐头）	2片（100g）
Ⓑ 白兰地或者威士忌（洋梨利口酒）	25mL
Ⓑ 洋梨罐头糖浆	25mL

※ 或者只使用50mL洋梨罐头糖浆。

操作时间＊**1小时20分钟**　保存期限＊**常温3天**

提前准备

1 和磅蛋糕的提前准备1~3、5、6相同。

2 将焦糖（图a）、用厨房纸擦去水分的洋梨（图b）切成1cm小块。

a

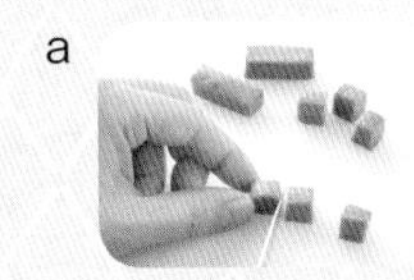

b

做法

1. 按照磅蛋糕的步骤1~2的要点制作。步骤3中放入提前准备2的洋梨、焦糖搅拌。

2. 放入1/3的提前准备3，用橡皮刮刀进行**J**字搅拌法搅拌，搅拌到略有生粉后再放入1/3的量继续搅拌，放完为止，用力搅拌到面糊出现光泽。

3. 按照磅蛋糕的步骤5~7的要点烘烤完成。

酥脆的外皮下是顺滑的奶油酱！

泡芙

真规子老师的建议

关键在于将黄油充分溶解到水分中。趁面糊温热时放入蛋液。另外，注意要将泡芙糊趁热放入烤箱烘烤。

操作时间 * **约2小时**
保存期限 * **冷藏1天**

材料	18 个

【泡芙糊】

Ⓐ
- 牛奶……60mL
- 水……60mL
- 有盐黄油……60g
- 砂糖……1 小勺

低筋面粉……60g
鸡蛋……2~3 个（130~140g）
蛋液……适量
糖粉……适量

材料比例
液体∶黄油∶粉类∶蛋液 =2∶1∶1∶2

提前准备

1 黄油切成 1cm 的小块。

2 低筋面粉过筛备用。

3 将鸡蛋打散，室温下放置回温。

4 烤盘铺入油纸。

5 烤箱预热到 200℃。

制作面团

1
融化黄油

小锅内放入材料Ⓐ，混合均匀后中火加热。

煮沸后，继续煮到泡沫沸腾起约 3~4cm 后离火。

诀窍
黄油未完全融化的话，无法和粉类、蛋液完全搅拌均匀，所以要完全煮沸。

2
将面粉煮熟

立刻放入提前准备2。

使用木铲进行**S**字搅拌法搅拌，快速搅拌到没有疙瘩、水分吸收。

低筋面粉混合均匀揉成团，再开中火加热搅拌均匀。

搅拌到略有透明感、锅底形成一层白色薄膜后倒入碗内。

诀窍

不确定是否形成白色薄膜的话，中火加热 1 分 30 秒 ~2 分钟后倒入碗内即可。

3

搅拌适量蛋液

搅拌约 10 次，将提前准备3“每放入 3 大勺就搅拌均匀”，重复这个操作。

将面团揉匀后出现黏性，这就是面糊乳化的标志。为了形成面筋，继续搅拌约 1 分钟。

每放入 1 大勺蛋液就搅拌均匀，调整软硬度。舀起面糊，面糊呈倒三角形落下质地柔软就可以了。蛋液没有用完也不要紧。

诀窍

一定要趁面糊温热的时候快速操作。

烘烤面糊

4

将面糊挤在烤盘上

分两次烘烤。用少量面糊将油纸和烤盘的边缘粘起来。

将步骤 3 的面糊倒入较厚的保存袋中，将开口剪成 1.5cm 宽。

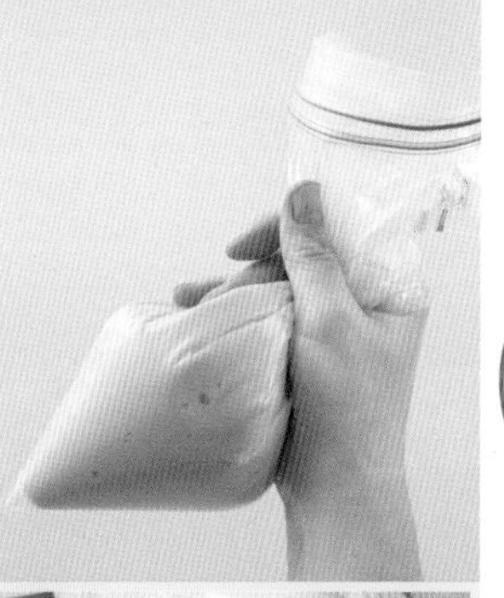

将袋口绕在食指上保持稳定，像图片这样握着。

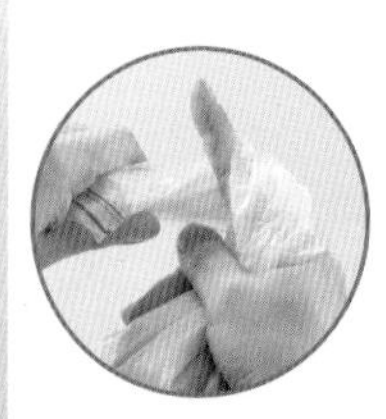

将面糊在烤盘上有间隔地挤出直径约 4cm 的圆形，每盘挤出 9 个。要挤出“圆滚滚”的感觉。面糊要趁热挤在烤盘上。

诀窍

将袋口垂直立在烤盘上，面糊扩展到约 4cm 后则不再用力收尾。

表面用指肚薄薄涂上蛋液。放入烤箱 200℃烘烤 10 分钟，降到 170 ℃烘烤 25~30 分钟。中途打开烤箱门的话泡芙会凹陷，一定要小心。烘烤完毕后放在蛋糕架上完全放凉。

填充奶油酱

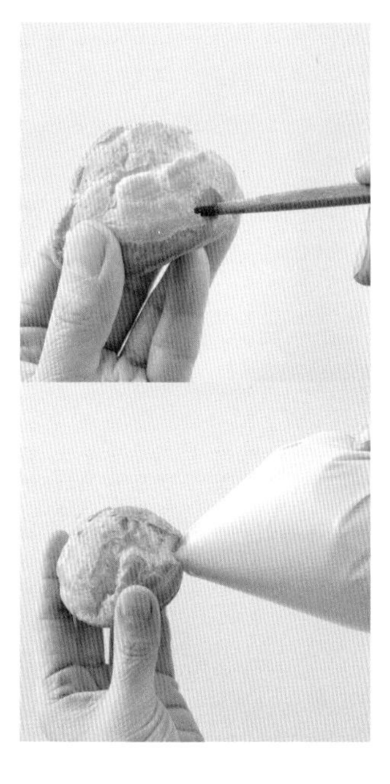

5 挤入奶油酱

用筷子横向插一个洞。

和步骤 4 一样将泡芙的卡仕达奶油酱（做法参考 P76）装入保存袋中，挤入泡芙皮中。撒上糖粉装饰。

Q 用保存袋不能顺利挤出时怎么办?

A 裱花袋装上裱花嘴，挤在烤盘上。裱花袋的握法和挤法和步骤 4 相同。

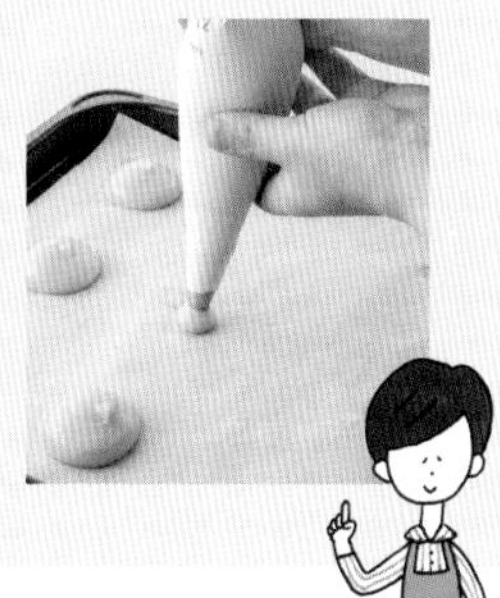

减少蛋液用量，成品略硬！

闪电泡芙

材料	14~16 个

【泡芙糊】

Ⓐ	牛奶	60mL
	水	60mL
	有盐黄油	60g
	砂糖	1 小勺
	低筋面粉	60g
	鸡蛋	2~3 个（120~130g）
	蛋液	适量

【巧克力淋酱（装饰）】

板状巧克力（黑巧克力）	50g
色拉油	1/2 小勺

操作时间 ✻ **约2小时10分钟**　保存期限 ✻ **冷藏1天**

提前准备

1 和泡芙的提前准备1~3相同。

2 在油纸（2 张）上折出痕迹，方便挤出 2 列 10cm 长的泡芙，铺入模具中（图 a）。

a

10cm　10cm

3 将巧克力淋酱用的板状巧克力切粗末。

4 烤箱预热到 200℃。

做法

1. 按照泡芙的步骤 1~3 的要点制作面糊。减少蛋液的用量，做成稍微坚硬的面糊。

2. 分两次烘烤。用少量面糊将油纸和烤盘边缘粘住。将步骤 1 的面糊放入较厚的保存袋中，将尖端剪成 1.5cm 宽。挤出 10cm 的棒状，用手指将蛋液抹在表面。

3. 放入烤箱 200℃烘烤 10 分钟，转 180℃烘烤 20 分钟。中途不能打开烤箱门。

4. 放凉后，用筷子在泡芙横向插 3 个洞，挤入巧克力卡仕达奶油酱（做法参考 P77）。摆在铺有保鲜膜的方盘上。

5. 板状巧克力隔水加热融化，倒入色拉油搅拌均匀，用叉子淋上巧克力酱，冷藏凝固。

使用蛋黄的力量制作

卡仕达奶油酱

卡仕达奶油酱用蛋黄的凝固作用和面粉的黏性制作而成。关键是将面粉完全煮熟。

材料 方便制作的量（350g）

【基础卡仕达奶油酱】
蛋黄…………………………3 个鸡蛋的量
砂糖…………………………60g
低筋面粉……………………20g
牛奶…………………………1½ 杯
香草豆荚（或者 6 滴香草精）……2cm
有盐黄油……………………15g
材料比例
牛奶:蛋黄:砂糖:粉类:黄油 =5:1:1:0.3:0.3

[泡芙卡仕达奶油酱]
卡仕达奶油酱………………350g
淡奶油………………………2 大勺
喜欢的利口酒（或者君度酒）… 1/2~2 大勺

提前准备

1 将香草豆荚纵向剖开，放在案板上剖出香草籽。放入直径约 20cm 的锅内，和牛奶混合均匀，加热到人体的温度。

操作时间 ＊ **约30分钟**
保存期限 ＊ **冷藏2天　冷冻1个月**

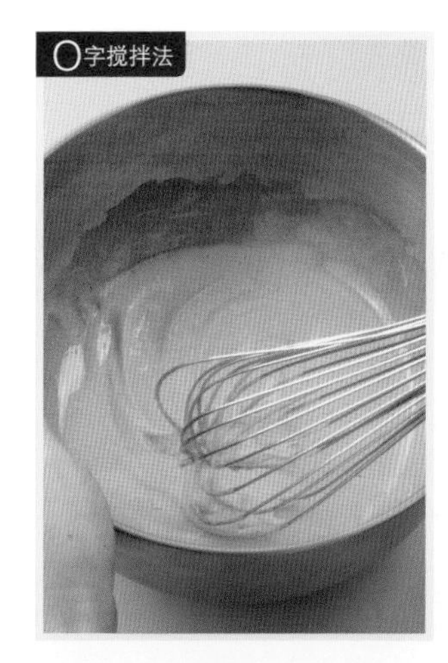

1 搅拌蛋黄、砂糖、粉类

碗内放入蛋黄，用打蛋器打散，放入砂糖，用 O 字搅拌法搅拌到颜色发白。低筋面粉过筛放入碗中，继续搅拌。

诀窍
蛋黄和砂糖完全打发后，趁热搅拌到变软，以免出现疙瘩。

2 放入牛奶搅拌

一点点放入提前准备 1，搅拌均匀后用滤网过滤回锅内。

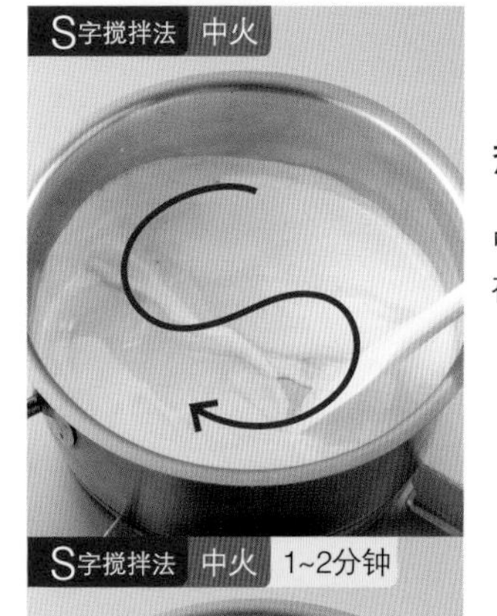

3 煮沸

中火加热，用橡皮刮刀在碗底不断搅拌。

粘在橡皮刮刀上的面糊变硬、面糊整体变得轻盈黏稠后快速搅拌 1~2 分钟，以免出现疙瘩。

边搅拌均匀边煮到沸腾，之后再煮约2分钟，边加热边搅拌到奶油酱略微黏稠、出现光泽。要不断搅拌，以免锅底煮焦。

诀窍

沸腾后，继续加热，做出入口即化、质地顺滑的奶油酱。

4 搅拌黄油

关火，放入黄油，边用力搅拌边用余热融化（如果使用香草精请此时放入）。倒入保存袋中，挤出空气密封。如果产生疙瘩，放凉前用滤网过滤。

5 快速冷却

将步骤4的黄油铺在方盘上，在略小一圈的小方盘内倒入冰水，叠在下面快速冷却。

6 搅拌

完全放凉后倒入碗内，用橡皮刮刀搅拌到顺滑。

搭配泡芙时，搅拌到顺滑后放入淡奶油，搅拌均匀，再倒入喜欢的利口酒搅拌均匀。

创新

巧克力卡仕达奶油酱

材料　方便制作的量（350g）

蛋黄……………………………… 3个鸡蛋的量
砂糖…………………………………………60g
Ⓐ 低筋面粉…………………………………10g
　 可可粉……………………………………20g
牛奶………………………………………1½杯
板状巧克力（黑巧克力）…………………20g

提前准备

1 板状巧克力切粗末。
2 将材料Ⓐ放入保鲜袋中混合均匀。

做法

1. 在直径约20cm的锅内倒入牛奶，煮到人体的温度。
2. 碗内倒入蛋黄，用打蛋器搅拌，放入砂糖，用力搅拌到颜色发白。将提前准备2过筛放入，继续搅拌均匀。
3. 一点点倒入步骤1的牛奶搅拌，过滤回锅内。
4. 中火加热，用橡皮刮刀在锅底不断搅拌。粘在橡皮刮刀上的面糊变硬、面糊整体变得轻盈黏稠后快速搅拌1~2分钟，以免出现疙瘩。边搅拌均匀边煮到沸腾，之后再煮约2分钟，边加热边搅拌到奶油酱略微黏稠、出现光泽。
5. 关火，放入提前准备1，边用力搅拌边用余热融化，倒入保存袋中，挤出空气密封。铺在方盘上，略小一圈的小方盘内倒入冰水，叠在下面快速冷却。使用时搅拌均匀。

操作时间 * **约30分钟**
保存期限 * **冷藏2天　冷冻1个月**

使用砂糖的力量制作

草莓果酱

砂糖吸收草莓的水分后制作出糖度较高的糖浆。煮熟后做成香甜美味的果酱。可以使用当季水果做出各种花样的果酱。

材料	方便制作的量（580~600g）

草莓（小粒）…………………………… 500~600g
细砂糖…………250~300g（草莓的 50%~60%）
柠檬汁……………………………………… 2~3 大勺

材料比例
草莓：细砂糖 =2：1

提前准备

1 草莓去蒂，在碗内放水洗净，擦去水分（图 a）。
2 将盛装果酱的瓶子连同瓶盖一起放入热水中消毒（图 b）。

a

b

操作时间 ＊ **50分钟**（腌出草莓水分的时间除外）
保存期限 ＊ **开封后：冷藏3周**
未开封：冷藏3个月

1 搅拌细砂糖

碗内放入草莓，放入细砂糖，用橡皮刮刀搅拌均匀，盖上保鲜膜，常温静置 6 小时以上。

> **诀窍**
> 时间紧张时可以将草莓对半切开，覆盖上砂糖腌渍 1~2 小时就可以了。使用其他水果制作时做法相同。

检查草莓是否腌渍出水分。

2 将草莓煮熟

倒入直径约 20cm 的不锈钢（或搪瓷）锅内，边大火加热边搅拌均匀。

细砂糖融化后转成略大的中火，边不断搅拌边撇去浮沫。

> **诀窍**
> 将草莓溢出的浮沫撇去。

边不断搅拌边煮 20~25 分钟，煮到泡沫变小、质地黏稠。

诀窍

关键是减弱火力，用略大的中火一次煮沸。留下水果新鲜的颜色和香味。

煮到舀起果酱就能看见锅底。

3

搅拌柠檬汁

倒入柠檬汁搅拌，煮沸后关火。

4

装入瓶中

趁热装入提前准备**4**的瓶中，留下约 5mm 空隙，盖上盖子，倒扣静置放凉。

创新

牛奶果酱

操作时间 ＊ **35分钟**
保存期限 ＊ **开封后：冷藏3周**
未开封：冷藏2个月

材料　方便制作的量（300mL）

牛奶……2 杯　淡奶油……1 杯　砂糖……100g

做法

1. 将材料放入直径约 20cm 的锅内，中火加热。
2. 煮沸后，边煮边不断搅拌。
3. 煮到质地黏稠、呈淡褐色，从开始加热算起需要 30 分钟的时间。
4. 装入用热水消毒的空瓶中，留下约 5mm 缝隙，盖上盖子，倒扣静置放凉。

创新

生焦糖

操作时间 ＊ **30分钟**
保存期限 ＊ **冷藏1周**

材料　方便制作的量（15cm×15cm羊羹模具1个）

Ⓐ [砂糖……80g 牛奶……1/2 杯 淡奶油……1 杯 蜂蜜……40g]
柠檬皮屑……1/2 个柠檬的量

做法

1. 羊羹模具铺上油纸。
2. 将材料Ⓐ放入直径约 20cm 的锅内，搅拌均匀后中火加热。煮沸后，边中火加热边不断搅拌，煮到呈褐色。18~19 分钟后变成淡褐色，舀起约 1/2 小勺倒入冰水中。搅动冰水，用手指检查是否达到滚圆的硬度。质地变得黏稠后，再次煮沸。
3. 放入柠檬皮屑，搅拌均匀，快速倒入步骤 1 的模具中摊平。
4. 放凉后冷藏凝固。凝固后切成方便食用的大小。

卡仕达奶油酱的应用

提拉米苏

手指饼干和奶油奶酪叠加的双层蛋糕！

材料	5~6 人份（直径 18cm、深 6cm 的容器　1 个）

基础卡仕达奶油酱（参考 P76~P77）………… 全部
奶油奶酪……………………………………………100g
淡奶油…………………………………………… 1 杯
砂糖……………………………………………… 50g
朗姆酒………………………………………… 1~2 大勺
手指饼干……………………… 15~20 根（约 120g）
可可粉…………………………………………… 适量
【咖啡液】
速溶咖啡粉……………………………………… 20g
水……………………………………………… 1½ 杯

操作时间 ＊ **50分钟**　保存期限 ＊ **冷藏3天**
（冷藏时间除外）

提前准备

1 碗内放入奶油奶酪，盖上保鲜膜，压碎按实，室温下静置软化。
2 加热咖啡液中的水，倒入速溶咖啡粉搅拌均匀，倒入方盘（小号）放凉。
3 淡奶油内放入砂糖，碗底放上冰水打发，打发到 8 分发后冷藏。

奶油奶酪内放入卡仕达奶油酱后增添了轻盈香甜的口感，变得没有那么厚重。只需搅拌就能做好，非常简单的一款糕点。

搅拌材料

1

搅拌卡仕达奶油酱

碗内放入卡仕达奶油酱，用橡皮刮刀搅拌到顺滑。

诀窍

卡仕达奶油酱要快速搅拌，以免产生疙瘩。

2

搅拌奶酪和少量卡仕达奶油酱

将提前准备1搅拌至奶油状，放入约 1/4 的卡仕达奶油酱，用 O 字搅拌法用力搅拌。

3

用力搅拌奶酪和卡仕达奶油酱

将步骤 2 的材料倒入卡仕达奶油酱的碗内，用力搅拌均匀，倒入朗姆酒，继续搅拌。

4

搅拌淡奶油

在步骤 3 的材料内放入一半提前准备3，用 J 字搅拌法搅拌成大理石花纹状，继续放入剩余淡奶油，搅拌均匀。

手指饼干和奶油酱叠加

5

铺入手指饼干

将一半手指饼干放入提前准备2中浸泡，再铺在容器中。

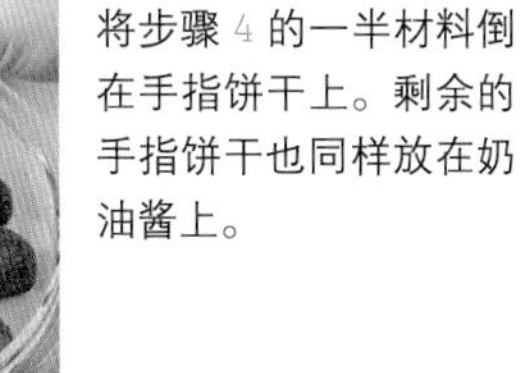

将步骤 4 的一半材料倒在手指饼干上。剩余的手指饼干也同样放在奶油酱上。

如果咖啡液有剩余，可以淋在手指饼干上，倒入剩余的奶油酱，用刮板将表面抹平。

6

撒上可可粉

冷藏 2~3 小时。用粉筛将可可粉过筛到表面。享用糕点时，用汤勺舀起盛盘。

派皮的应用

苹果派

无需挞盘也能制作美味的派！

材料	直径 18cm（无需模具）1 个

叶子派的派皮（参考 P64~P67）………………… 全部
整成刮板大小的派皮，用保鲜膜包裹静置。
苹果……………………………………小号 1 个（200g）
市售长崎蛋糕…………………………3cm 厚的 5~6 片
或者面包粉 1½ 杯。
Ⓐ 细砂糖……………………………………… 3~4 大勺
Ⓐ 肉桂粉……………………………… 1/4~1/3 小勺
有盐黄油……………………………………………… 20g
高筋面粉（手粉用）……………………………… 适量

操作时间 ＊ **约1小时30分钟**
(静置面团时间除外)
保存期限 ＊ **常温1天**

提前准备

1 油纸剪成合适大小，铺入模具中。锡纸剪成 70cm 长折 4 次，折成带状，继续对半折成 L 字形（直角），成 2cm 宽（图 a）。
2 将长崎蛋糕的上下两面切下，对半切开，在盘子上上直径约 18cm 的圆形。
3 将材料Ⓐ放入保鲜袋中混合均匀。

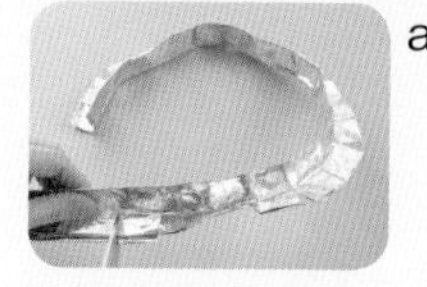
a

除了苹果以外，洋梨或者蓝莓也可以。即使像桃子这种水分较多的水果铺在长崎蛋糕上也可以烤出酥脆的口感。

铺上派皮

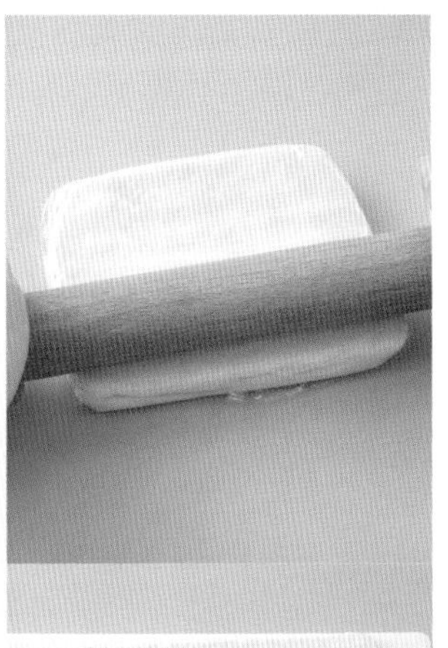

1

伸展派皮

擀面棒在保鲜膜上轻轻按压，压软后，在案板撒上手粉，将派皮擀开，继续撒上手粉。

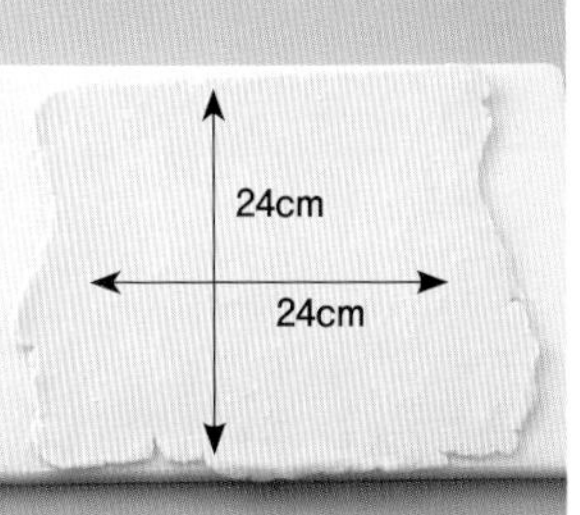

转动派皮，边改变方向边擀开，擀成24cm×24cm、3mm厚的正方形派皮。

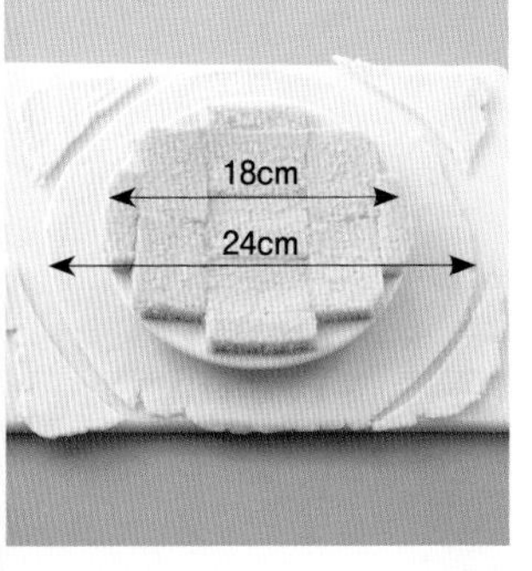

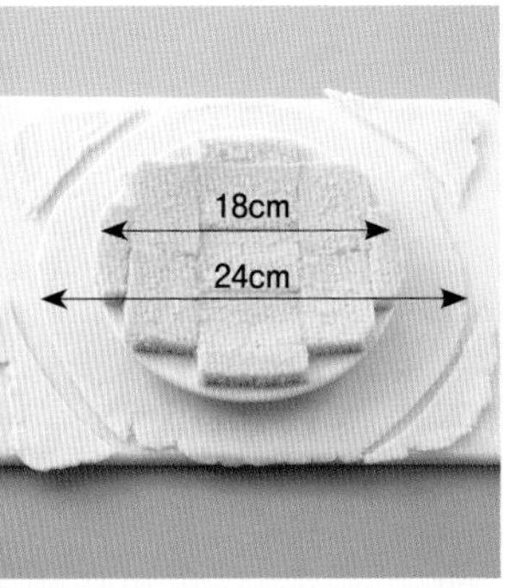

2

分切派皮

将提前准备2连同盘子一起放在中间，用刀切成直径约24cm大小。

3

叉孔，静置面团

用擀面棒卷起面团放在提前准备1的烤盘上，每间隔1cm叉孔（做出气孔）。盖上保鲜膜，冷藏30分钟。

摆上苹果烘烤

4

摆上苹果

烤箱加热到200℃。苹果带皮切成4瓣，去除内芯，切成3~4mm厚的薄片。

将步骤3的面团从冰箱中取出，放在长崎蛋糕上，将苹果在上面摆成圆形。

将提前准备3撒在苹果上面，将黄油撕碎撒上。

诀窍

一只手扶住派皮，将肉桂粉撒在苹果上面。

5

固定锡纸烘烤

将凸出的派皮用手指捏住，做出褶皱。

周围用锡纸紧紧包好。放入烤箱烘烤20分钟，然后撕下锡纸继续烘烤20~25分钟。烘烤完毕后慢慢放在蛋糕架上散热。

磅蛋糕的应用
卡仕达奶油酱的应用
冰箱饼干的应用

水果塔

用多彩的水果作装饰!

材料	直径 15~18cm 的挞盘　1 个

冰箱饼干面团（参考 P54~P57）………………… 全部

※ 去除 30g 核桃。将直径约 15cm、厚 1~2cm 的圆形模具用保鲜膜包住，静置备用。

【基础杏仁奶油酱（磅蛋糕应用）】

砂糖……………………………………………… 50g
无盐黄油………………………………………… 50g
Ⓐ 杏仁粉………………………………………… 50g
Ⓐ 低筋面粉……………………………………… 5g
鸡蛋……………………………………………… 1 个

材料比例
黄油:砂糖:蛋液:杏仁粉:粉类 =1:1:1:1:0.1

基础卡仕达奶油酱（参考 P76~P77）……… 1/2~ 全部
君度酒等喜欢的利口酒………………………… 1~2 小勺

【装饰】

草莓、蓝莓、葡萄（可带皮食用的品种）………… 适量

操作时间 ＊ **约2小时**　保存期限 ＊ **冷藏2天**
(静置面团时间除外）

提前准备

1. 杏仁奶油酱的黄油和鸡蛋在室温下静置回温。
2. 草莓去蒂，和其他水果一起用水洗净，擦去水分(图
3. 将材料Ⓐ放入保鲜袋中混合均匀。

a

一次制作比较麻烦，建议将冰箱饼干的面团提前做好后冷冻备用。一定要将派皮紧紧铺入模具中。

拉伸派皮后铺好

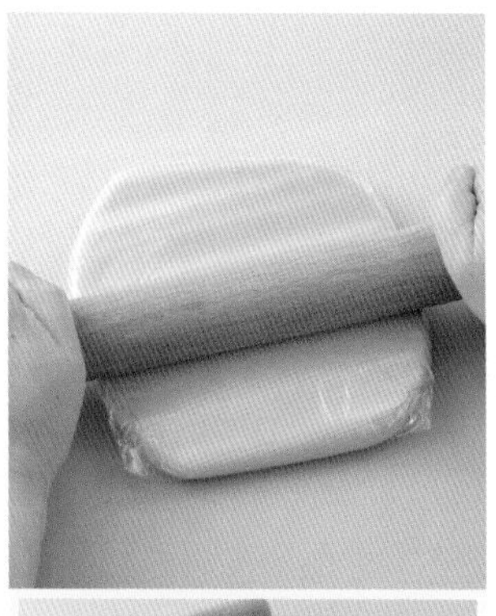

1 将饼干面团擀薄

用擀面棒在保鲜膜两面轻轻按压擀软。

擀软后拉开保鲜膜，上面再重新盖上保鲜膜。

诀窍

擀薄期间将保鲜膜撕下，因为包含空气，保鲜膜不会破损。

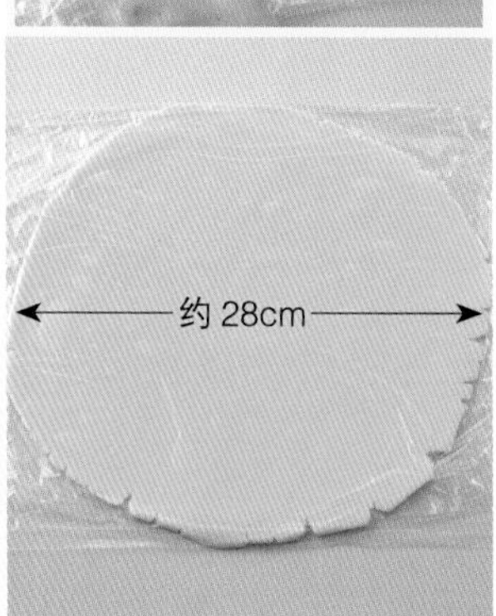

擀成直径约 28cm、厚 3mm 的圆形派皮。

2 将派皮铺入模具中

将上面的保鲜膜撕下，翻过来放在塔盘上。可能有几处破损，用手指轻轻按压派皮，使其黏合。

边用食指和中指的指肚将派皮轻轻按压到模具边缘，边将派皮铺入模具中，紧紧贴合。

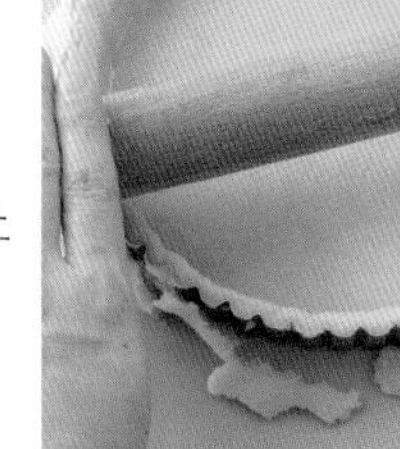

用擀面棒擀过后，擀下多余的派皮。

继续用指尖整理角落和边缘。

诀窍

最后检查一下派皮厚度是否均匀。将较厚的地方按压伸展，将较薄的地方从内侧黏合，以免受热不均匀。

静置30分钟

3 叉孔，静置面团

在底面每间隔 1cm 叉孔（做出气孔），盖上保鲜膜，冷藏 30 分钟。

诀窍

这里将面团静置是为了避免烘烤期间派皮出现回缩，做出漂亮的成品。

制作杏仁奶油酱

4 搅拌黄油

烤箱加热到 180℃。碗内放入黄油，打蛋器用**O**字搅拌法搅拌成奶油状。

放入砂糖，用力搅拌到颜色发白。

5 蛋液分 3 次放入搅拌

将鸡蛋打散，分 3 次放入，每次都搅拌到质地柔软、轻盈。

6 搅拌粉类

将提前准备**3**过筛放入，改用橡皮刮刀搅拌均匀。

烘烤派皮

7 将奶油酱倒入模具内烘烤

在步骤 3 中静置的面团内倒入杏仁奶油酱后铺开，表面抹平。放在烤盘上，烤箱烘烤 30 分钟。

铺上油纸，倒扣在蛋糕架上，脱模检查底部烘烤的颜色。可以的话倒回模具内，放在蛋糕架上散热。若烘烤不充分需倒回模具内，盖上锡纸继续烘烤 5~10 分钟。

8 制作奶油酱

用橡皮刮刀将基础卡仕达奶油酱搅拌均匀，倒入 1~2 小勺君度酒等利口酒，搅拌均匀。

9 装饰

将步骤 7 放凉的派皮慢慢脱模，放上卡仕达奶油酱，用橡皮刮刀抹平，用提前准备**2**的水果装饰。

阶段3

打发柔软蛋液制作糕点

熟悉搅拌方法后，就要开始进行更高一层的操作了。
努力尝试奶油蛋糕和蛋糕卷吧！
关键在于控制电动打蛋器的速度，
而且要将蛋液完全打发。
一定要品尝一下口感松软的成品。

用汤勺做出漂亮的装饰！

奶油蛋糕

操作时间 * **约2小时**
（静置面糊时间除外）

保存期限 * **冷藏1天**

真规子老师的建议

打发全蛋液制作海绵蛋糕（全蛋打发法）。隔水加热的蛋液容易打发，打发时蛋液内会混入大量细腻的气泡，用J字搅拌法搅拌，以免消泡。

材料	直径 15cm 的圆形模具　1 个

【海绵蛋糕糊】
低筋面粉…… 60g
鸡蛋…… 2 个
砂糖…… 60g
Ⓐ 有盐黄油…… 15g
Ⓐ 牛奶…… 1 大勺
Ⓐ 香草精…… 少量

材料比例
蛋液:粉类:砂糖 =5:3:3

【装饰】
淡奶油…… 1½ 杯
原味酸奶…… 3 大勺 +3 大勺（装饰用）
砂糖…… 20g
草莓…… 10~12 粒
薄荷…… 适量
【糖浆】方便制作的量。
水…… 1/4 杯
砂糖…… 25g
利口酒（或者君度酒）…… 1/2~1 大勺

提前准备

1 平底锅放入抹布，倒入漫过抹布的水，加热到约 60℃，作为隔水加热用。

2 将复印纸（或者广告纸背面）剪成合适大小，铺入模具中。

3 烤箱预热到 170℃。

制作面团

1 打发蛋液

碗（大号）内放入鸡蛋打散，放入砂糖粗略搅拌，将提前准备1隔水加热，立刻用电动打蛋器低速搅拌到砂糖融化。

砂糖融化，将小指插入蛋液中，感觉到稍微温热后，从隔水加热上离开。

> **诀窍**
> 砂糖融化形成糖浆状，表面张力减弱，容易快速打发。

倾斜大碗，边将电动打蛋器的搅拌棒裹住蛋液，边高速打发 3 分钟。

> **诀窍**
> 慢慢打发会使温度下降，所以一口气打发才能让纹路变得细腻。

提起电动打蛋器的搅拌棒，若面糊落下形成缎带状，再停留 10 秒以上。

\注意!/

隔水加热后，不要忘记将放在碗底的材料Ⓐ加热。

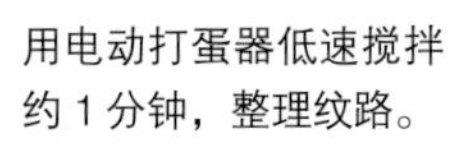

诀窍

黄油温度较低的话，容易沉底，所以要隔水加热备用。

低速1分钟

用电动打蛋器低速搅拌约1分钟，整理纹路。

诀窍

这里将泡沫打发细腻一些，泡沫也会变得结实。放入粉类或者黄油，用力搅拌也难以消泡，做出质地松软的成品。

搅拌到出现光泽、质地顺滑。

用橡皮刮刀将粘在碗边缘的面糊刮到中间。

2 搅拌粉类

将低筋面粉从较高的位置过筛放入，以混入空气。

J字搅拌法 20~25次

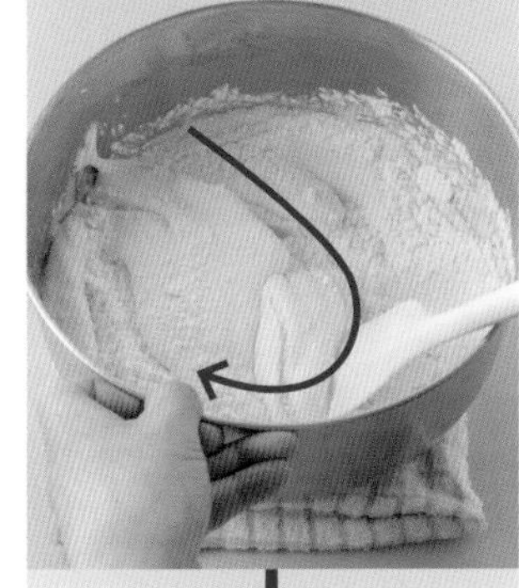

左手转动碗，用橡皮刮刀进行**J**字搅拌法切拌。橡皮刮刀穿过碗的中间，到达边缘后翻起面糊搅拌，重复这个步骤。

一直搅拌到没有生粉。20~25次即可。

3 搅拌黄油

将温热的材料Ⓐ沿着橡皮刮刀倒入，撒入表面。

搅拌 20~25 次，搅拌到均匀顺滑。

搅拌到出现光泽，提起橡皮刮刀时面糊落下的痕迹会慢慢扩展消失。

烘烤面糊

4

倒入模具中烘烤

从较高的地方将面糊倒入提前准备2。碗底剩余的面糊因消泡而质地较重，尽量倒入模具边缘。

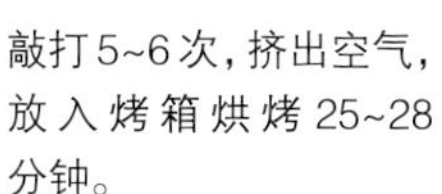

敲打 5~6 次，挤出空气，放入烤箱烘烤 25~28 分钟。

5

脱模

烘烤完毕后，连同模具在 10cm 高的地方磕几下，以免蛋糕回缩。脱模后取出，放在蛋糕架上冷却。

糖浆、装饰

6

制作糖浆

糖浆中的水和砂糖中火加热，砂糖融化，倒入利口酒放凉。

7

切开草莓

将草莓去蒂，洗净后纵向对半切开，放在铺有厨房纸的方盘上，擦去水分。

8

打发淡奶油

碗内放入淡奶油、酸奶、砂糖，碗底放上冰水，用电动打蛋器打发到 7 分发，冷藏备用。

7 分发的小角

9

分切蛋糕

将海绵蛋糕的油纸撕下后放在案板上，将上面薄薄削去一层。

底面烤焦、上面隆起的部分，都可以在这里修整。

在蛋糕一半厚度的 4 个方向插入竹签。

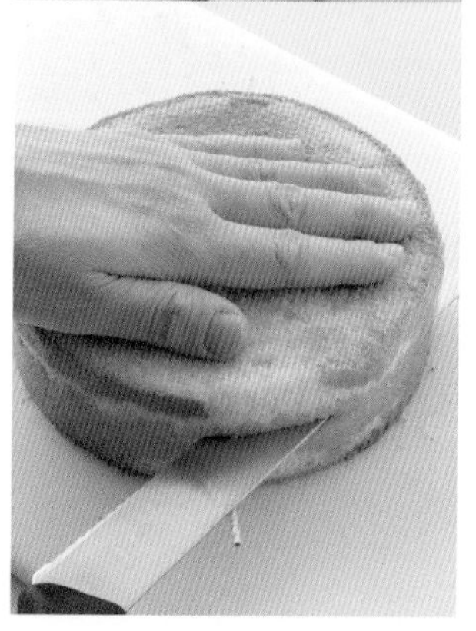

边旋转海绵蛋糕，边用蛋糕刀慢慢切入，对半切开。

10

刷上糖浆

将下面的蛋糕片翻过来，用刷子刷上一层糖浆。

11

夹上草莓

将步骤 8 的淡奶油再次打发到 8 分发。将下面的蛋糕片放在铺有保鲜膜的盘子上，放上 3~4 大勺淡奶油后抹匀，边缘留出 1cm 的空白。

8 分发的小角

摆上步骤 7 的草莓，中间堆得略高些。

将 3~4 大勺淡奶油抹平，中间堆得略高。

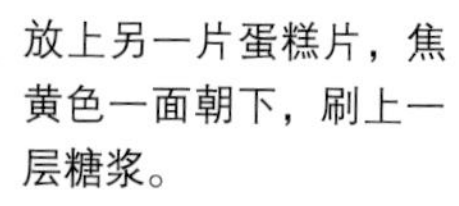

放上另一片蛋糕片，焦黄色一面朝下，刷上一层糖浆。

12

静置蛋糕

盖上保鲜膜，边将保鲜膜一点点拉开，边做成屋顶状，冷藏 30 分钟以上。

13

打底涂抹

将蛋糕移到案板上，用刷子将剩余的 1/3 淡奶油涂抹在表面。这时将混入蛋糕末（海绵蛋糕末）的淡奶油去除后放在另一个碗内。

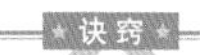

> 诀窍
>
> 打底涂抹时，表面不能混入蛋糕末，这样才能做出漂亮的表面。

使用汤勺背面将奶油抹在侧面。

用刮板将滴落的多余淡奶油刮掉。

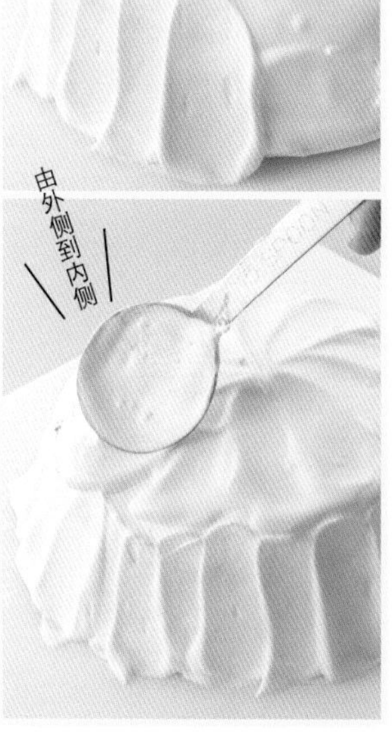

侧面的淡奶油由下往上涂抹装饰。

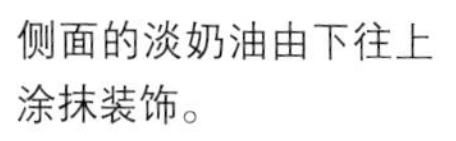

> 诀窍
>
> 淡奶油较薄的地方，用汤勺背部粘上留在碗底的淡奶油进行装饰，让成品更漂亮。

上面的淡奶油由外侧到内侧装饰。

> 诀窍
>
> 淡奶油软塌时，将蛋糕冷藏约 30 分钟。

14

用汤勺装饰

剩余的淡奶油和装饰用的酸奶搅拌，用打蛋器打发到有小角立起。

> 诀窍
>
> 放入酸奶，口感变得清爽。然后降低油脂，装饰时淡奶油就很难分离了。

将约 1/3 的淡奶油倒在表面，用汤勺将淡奶油抹平。

15

装饰

装饰上剩余的草莓，撒上些许薄荷更好。

> 诀窍
>
> 因为做成屋顶形状，所以将草莓装饰在中间，保持蛋糕稳定。

蛋糕质地松软、口感轻盈！

蛋糕卷

操作时间 * **约1小时20分钟**
（静置面糊时间除外）

保存期限 * **冷藏1天**

真规子老师的建议

蛋黄和蛋白分别打发制作海绵蛋糕（分蛋打发法）。蛋黄和砂糖要搅拌均匀后再打发。而蛋白霜需要将砂糖一点点放入蛋白中，这样才能制作质地较硬、纹理细腻的蛋白霜。

材料	30cm×30cm 烤盘　1 个

Ⓐ	蛋黄	4 个鸡蛋的量
	细砂糖	40g
Ⓑ	蛋白	4 个鸡蛋的量
	细砂糖	60g
	低筋面粉	80g
Ⓒ	有盐黄油	10g
	牛奶	1 大勺
	香草精	少量
	【装饰】	
Ⓓ	淡奶油	2/3 杯
	原味酸奶	2 大勺
	砂糖	15g
	洋梨（罐头）	2 片（100g）

提前准备

1 将复印纸（或者广告纸背面）剪成 38cm×38cm，铺入烤盘中。

2 烤箱预热到 180℃。

3 将材料Ⓒ混合均匀，隔水加热到黄油形状消失。

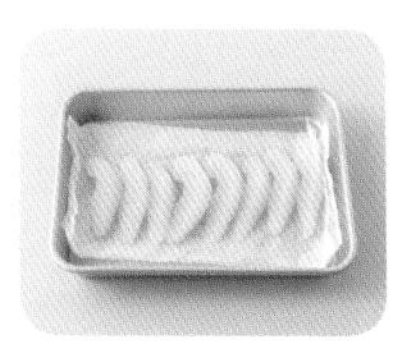

4 洋梨纵向切成 4 瓣，放在油纸上，擦去水分。

制作面团

1 打发蛋黄和细砂糖

碗内（中号）放入材料Ⓐ的蛋黄，打散后和细砂糖混合均匀，用打蛋器打发 2 分钟，打发到颜色发白的奶油状。

2 制作蛋白霜

另取一碗（大号），放入材料Ⓑ的蛋白，打散后用电动打蛋器低速打发约 15 秒，打发出粗泡。

放入材料Ⓑ中约 1/3 的细砂糖。

中速打发约 30 秒，打发出细腻的气泡。

放入剩余的 1/2 的细砂糖。

中速30秒

中速打发约 30 秒。

打发到有小角立起。

中速1分30秒

放入剩余的细砂糖，中速打发约 1 分 30 秒，做出富有光泽、有弹性的蛋白霜。

3

搅拌蛋黄和蛋白霜

将步骤 2 一半的蛋白霜倒入步骤 1 的材料内。

J字搅拌法

用打蛋器进行**J** 字搅拌法搅拌成大理石花纹状。

> 诀窍
>
> 将面糊从碗底舀起，轻轻敲打碗边缘，面糊落下后搅拌。

O字搅拌法 20~30次

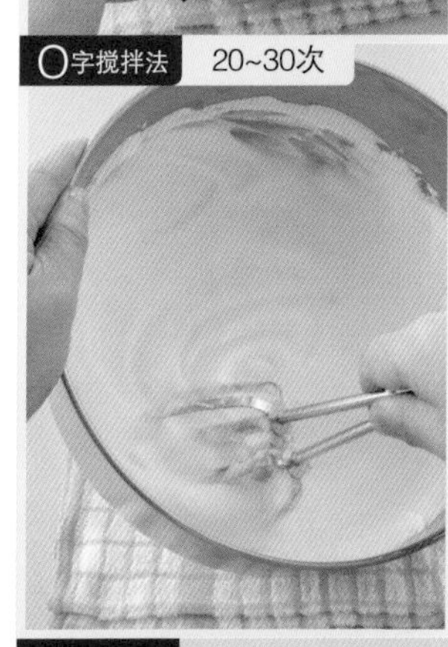

剩余的蛋白霜用电动打蛋器的搅拌棒搅拌，整理纹路。

> 诀窍
>
> 蛋白霜状态容易变化，放入前一定要整理纹路。

J字搅拌法

将整理纹路的蛋白霜放入混合均匀的蛋白霜和蛋黄，用**J** 字搅拌法搅拌均匀。

4

搅拌蛋液和粉类

将低筋面粉尽量从高处过筛放入，混入空气。

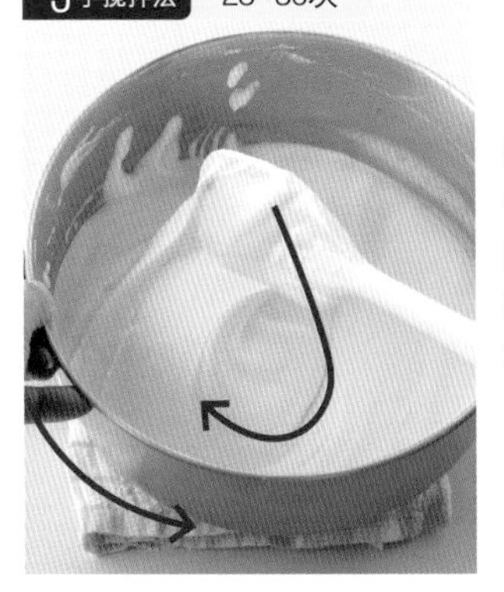

改用橡皮刮刀，边左手往前转动碗，边用**J**字搅拌法搅拌25~30次。搅拌到没有生粉、出现光泽。

用**J**字搅拌法搅拌约15次，搅拌到均匀顺滑。

提起橡皮刮刀时面糊会缓缓落下，搅拌到纹路细腻、富有光泽的状态。

5

搅拌黄油、牛奶

的提前准备3内放入少量步骤4的面糊，搅拌均匀。

黄油受热后比重会变轻，容易和打发的面糊混合，也就减少了搅拌次数。

倒回步骤4的面糊碗内。

烘烤面糊

6

倒入烤盘中烘烤

将面糊倒入烤盘中，用刮板抹平，敲打几次后挤出空气，放入烤箱上层烘烤10分钟。

7

烤盘脱模

烘烤完毕后，连同烤盘一起从约10cm的高处磕下。脱模后撕下侧面的油纸，放在蛋糕架上散热。

装饰

8

放入洋梨

将材料Ⓓ混合均匀后倒入碗内，隔冰水打发到8分发。

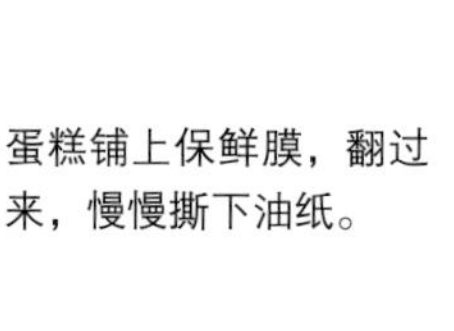

蛋糕铺上保鲜膜，翻过来，慢慢撕下油纸。

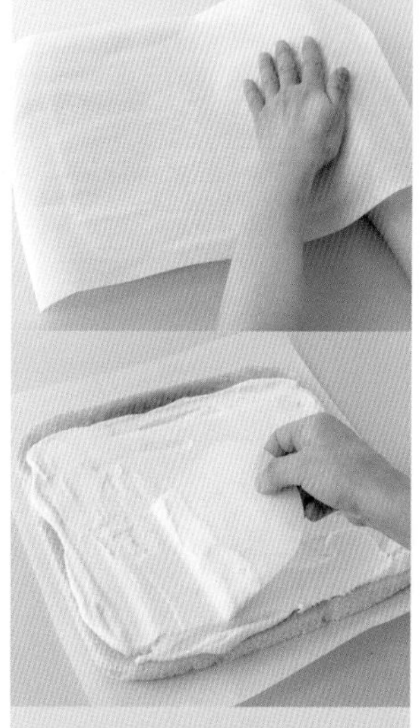

盖上新的油纸，翻过来。

用刮刀涂抹上奶油，在里侧的收尾处留出2cm的空白。

像图片一样在内侧摆上提前准备4，略微按压，使其嵌入奶油中。

9

卷起蛋糕

从内侧开始卷起，捏紧洋梨作为内芯。

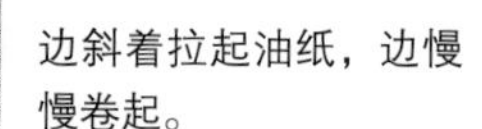

边斜着拉起油纸，边慢慢卷起。

静置30分钟

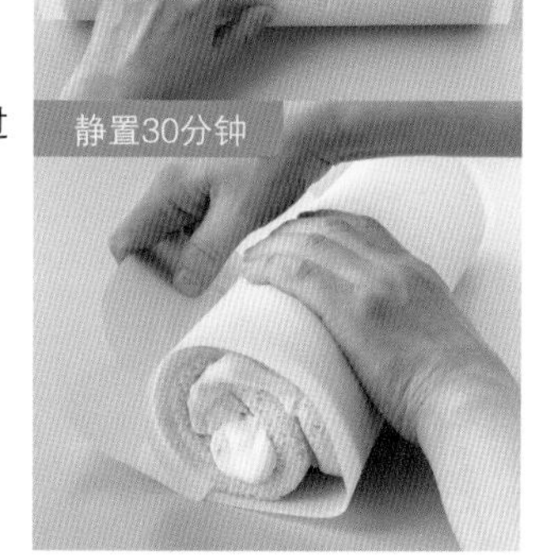

将收尾处朝下，用刮板压住油纸，冷藏约30分钟。

Q 制作蛋白霜时，为什么不能一次性全部放入砂糖，而是分3次放入？

A 砂糖有稳定蛋白气泡的性质，但也有抑制打发的性质，所以分几次放入，一点点稳定蛋白霜。这样做比一次性全部放入砂糖富含更多气泡，做成的蛋白霜更有分量感。

Q 烘烤蛋糕卷时需要注意的地方有哪些？

A 蛋糕糊较薄，放入烤箱上层可避免干燥，高温、短时间内烘烤完毕。

享受淡淡的咖啡香气！

咖啡蛋糕卷

材料　30cm×30cm 烤盘　1 个

Ⓐ
- 蛋黄……………………4 个鸡蛋的量
- 细砂糖……………………40g

Ⓑ
- 蛋白……………………4 个鸡蛋的量
- 细砂糖……………………60g

低筋面粉……………………80g

Ⓒ
- 有盐黄油……………………15g
- 牛奶……………………2 大勺
- 速溶咖啡粉……………………1 大勺

【装饰】

淡奶油……………………1 杯
砂糖……………………20g
速溶咖啡粉……………………1 大勺
牛奶……………………2 大勺
香蕉（卷起用切块）……………………1 根（100g）
　　（装饰用切片）……………………1 根
速溶咖啡粉（装饰用）、茴香芹……………………各适量

操作时间 ✻ **约1小时30分钟**　（静置面糊时间除外）
保存期限 ✻ **冷藏1天**

提前准备

和蛋糕卷的提前准备1～3相同。

做法

1. 按照蛋糕卷的步骤 1～7 的要点制作。

2. 淡奶油内放入砂糖，牛奶倒入溶解的速溶咖啡粉，碗底放上冰水，打发到 8 分发。

3. 蛋糕盖上保鲜膜后翻过来，将油纸慢慢撕下，盖上新的油纸，翻过来。里面的收尾处留出 2cm 空白，用刮板涂抹 3/4 的淡奶油，撒上纵向切 4 条后横向切成 1cm 小块的香蕉（图 a），按压嵌入奶油中。按照蛋糕卷的步骤 9 的要点卷起蛋糕，冷藏约 30 分钟。

4. 撕下油纸，将剩余的淡奶油略微打发，装入保存袋，剪出小口，在蛋糕卷上挤出细腻的纹路。摆上装饰用的香蕉，撒上速溶咖啡粉，装饰上茴香芹。

a

外表酥脆，里面松软！

达克瓦兹

真规子老师的建议

操作时间 * **约1小时30分钟**
（冷却凝固时间除外）

保存期限 * **冷藏3天**

因为不使用蛋黄，才更凸显杏仁粉的味道。打发蛋白的最后放入柠檬，做成坚硬的蛋白霜。分两次放入粉类，以免蛋白霜消泡。

材料	9个

Ⓐ 低筋面粉…… 10g
　 杏仁粉…… 80g

蛋白…… 3个鸡蛋的量

细砂糖…… 70g

柠檬汁…… 1小勺

糖粉…… 适量

【奶油酱】

柚子果酱（或者橘皮果酱）…… 30g

有盐黄油…… 30g

提前准备

1 将材料Ⓐ混合均匀后过筛备用。

2 黄油在室温下软化。

3 烤箱预热到170℃。

4 烤盘铺上油纸。

制作面糊

1 制作蛋白霜

碗内放入蛋白，打散后用电动打蛋器低速打发约15秒，打发出粗泡。

放入1/3的细砂糖。

中速打发约1分钟，打发出细腻的气泡。

放入剩余1/2的细砂糖，高速打发约1分钟，打发到有小角立起。

诀窍

放入足量细砂糖的蛋白霜，关键要高速完全打发。完全打发制作出光泽、较硬的蛋白霜。之后放入粉类，搅拌均匀。

2 搅拌柠檬汁

放入剩余细砂糖、柠檬汁。

柠檬汁不仅可以增添味道，也有凝固蛋白的作用。

高速3分钟

高速打发 3 分钟，**打发到越发黏稠、出现光泽。**

诀窍

高速打发 3 分钟。打发到出现光泽，这是砂糖融化、泡沫细腻的标志。

J字搅拌法 20次

继续用**J** 字搅拌法搅拌，搅拌到出现光泽。搅拌约 20 次即可。

诀窍

杏仁粉的油脂容易使蛋白霜消泡，所以不要搅拌过度。

搅拌到略微蓬松的状态。

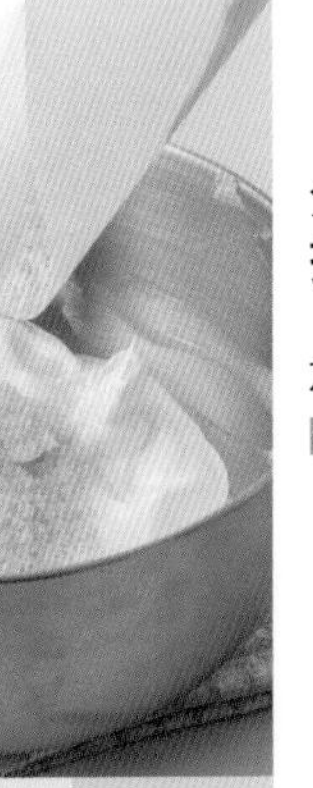

3 分两次放入粉类搅拌

放入一半的提前准备 **1**。

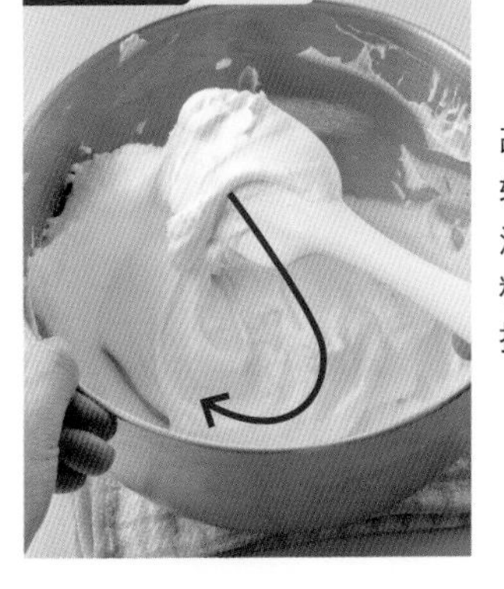

J字搅拌法 10次

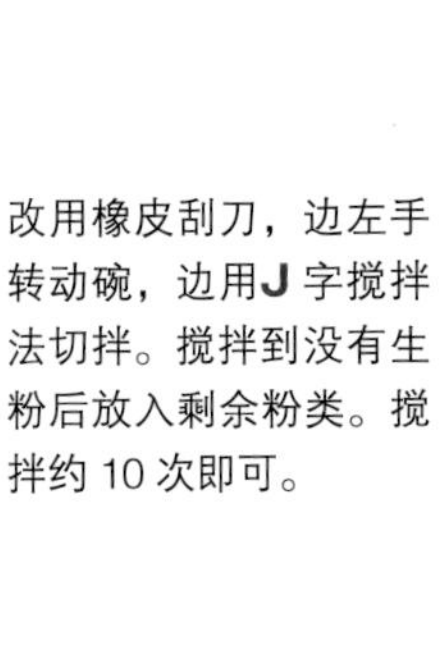

改用橡皮刮刀，边左手转动碗，边用**J** 字搅拌法切拌。搅拌到没有生粉后放入剩余粉类。搅拌约 10 次即可。

烘烤面糊

4 放在烤盘上烘烤

分两次烘烤。用汤勺舀出 1/18 的面糊（约 1 大勺），放在铺有油纸的烤盘上，有间隔地摆放，每盘摆 9 个最合适。另准备 1 个烤盘，同样舀出面糊摆在烤盘上。随着时间推移，面糊被舀起摆放后容易消泡，所以要一次制作 18 块。

用汤勺背部压出长径 3~4cm 的椭圆形。

用粉筛过筛足量糖粉。放入烤箱烘烤 15~18 分钟。另一个烤盘上也撒上糖粉。

烘烤完毕后，和油纸一起放在蛋糕架上散热。另一个烤盘则连同油纸一起移到烤盘上，烘烤完毕。

夹上奶油酱

5 制作奶油酱

将提前准备2用打蛋器搅拌到颜色发白。

分两次放入柚子果酱，每次都搅拌均匀。

6 涂抹奶油酱

用刷子刷下步骤4中烘烤完毕的成品上多余的糖粉，将9个翻面放置。

用小橡皮刮刀将步骤5的奶油酱等分后涂抹。

将2个组合在一起，冷藏凝固 10 分钟以上。

Q 烘烤前为什么撒上糖粉?

A 达克瓦兹的外侧酥脆干燥、内侧绵润。这是因为表面的糖粉融化后形成糖浆膜而做出不同的口感。烘烤后用刷子刷去多余的糖粉。

材料	直径 15cm 的圆形模具　1 个

奶油奶酪……170g
细砂糖……50g
原味酸奶……30g
低筋面粉……20g
蛋黄……2 个鸡蛋的量
香草精……适量
Ⓐ 蛋白……2 个鸡蛋的量
Ⓐ 细砂糖……40g

提前准备

1 碗内放入奶油奶酪，盖上保鲜膜，捣碎压实，室温下静置回温。
2 铺入油纸，边缘和圆模底部重合。如果使用活底模具，为了避免隔水加热时不渗进水分，要在外侧用锡纸裹住底部（图 a）。
3 烤箱预热到 160℃。

a

入口即化、质地轻盈！

舒芙蕾奶酪蛋糕

操作时间 ＊ **约1小时30分钟**
（冷藏时间除外）

保存期限 ＊ **冷藏3天**

真规子老师的建议

使用分蛋打发法将蛋黄和奶油奶酪混合均匀，隔水加热后做出柔软的口感。中途检查烘烤颜色，上色后盖上锡纸。

制作面糊

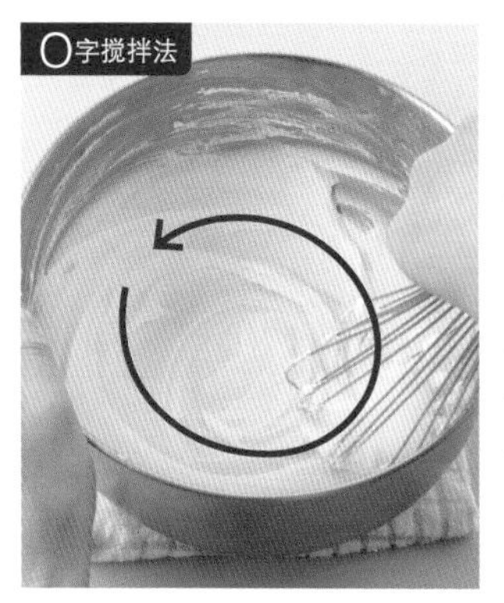

1

搅拌奶油奶酪和细砂糖

将提前准备1用打蛋器搅拌到顺滑，放入细砂糖，用O字搅拌法搅拌。

2

搅拌蛋黄

蛋黄、酸奶、香草精、低筋面粉过筛放入，每次都搅拌均匀。

低速15秒→中速15秒→中速15秒

3

制作蛋白霜

另取一碗放入材料Ⓐ的蛋白，打散后用电动打蛋器低速打发约15秒，打出粗泡。放入材料Ⓐ的1/3细砂糖，中速打发约15秒，打发出细腻的泡沫。放入剩余的1/2细砂糖，打发约15秒，打出有小角立起。

放入剩余细砂糖，打发30秒~1分钟，打发到有小角立起，做成6分发的蛋白霜。

4

搅拌蛋黄和蛋白霜

步骤2的材料内放入1/3的蛋白霜，用打蛋器搅拌均匀。这里使用J字搅拌法。

J字搅拌法 4~5次

重新搅拌蛋白霜整理纹路，倒入剩余蛋白霜，继续搅拌4~5次。

改用橡皮刮刀搅拌均匀。倒入提前准备2，整平表面。

面糊隔水加热烘烤

5

隔水加热烘烤

烤盘铺上浸湿的抹布，放上步骤4的碗，倒入约60℃的热水。放入烤箱烘烤40~45分钟，中途上色后盖上锡纸。

烘烤完毕后，连同模具一起放在蛋糕架上散热。脱模，冷藏放凉。

口感绵润、蛋香浓郁！

长崎蛋糕

真规子老师的建议

操作时间 * **约1小时40分钟**
保存期限 * **常温3天**

蛋黄和蛋白打发后和粉类搅拌均匀。放入蜂蜜，做出比海绵蛋糕还要绵润的口感。最后过滤面糊，滤去大气泡，做成细腻的纹路。

材 料	长 15cm 的报纸模具　1 个

蛋白……………………… 5 个鸡蛋的量（150g）
蛋黄………………………5 个鸡蛋的量（100g）
低筋面粉…………………………………… 100g
砂糖………………………………………… 100g
Ⓐ 蜂蜜…………………………………… 50g
　 水……………………………………… 1 大勺

提前准备

1 用报纸制作模具（做法参考 P109）。铺入复印纸或者广告纸背面，内侧留出 2cm，将剪成 15cm × 15cm 的油纸铺在底部。可以撒上 1 大勺粗砂糖。

2 将材料Ⓐ倒入碗内（小号），隔水加热备用。

3 烤箱预热到 150℃。

制作面糊

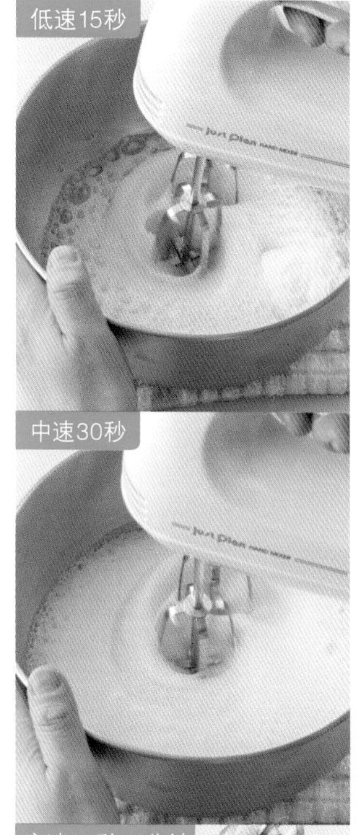

1 制作蛋白霜

碗内（大号）放入蛋白，打散后用电动打蛋器低速打发约 15 秒，打发出粗泡，放入 1/3 细砂糖。

中速打发约 30 秒，打发出细腻的泡沫。

放入剩余的 1/2 细砂糖，高速打发 30 秒 ~1 分钟，打发到有小角立起。

放入剩余砂糖，高速打发 1 分 30 秒 ~2 分钟，打发到质地黏稠、出现光泽。

2 搅拌蛋黄

分两次放入蛋黄，搅拌。

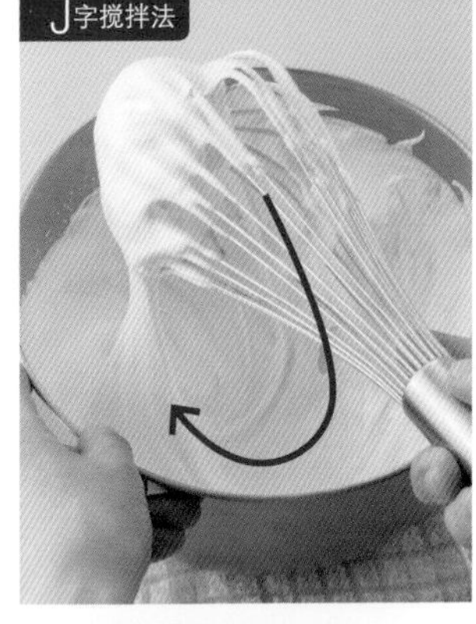

每次用打蛋器搅拌至呈大理石花纹状，用J字搅拌法将面糊舀起后落下搅拌。

3 搅拌蜂蜜

将提前准备2顺着橡皮刮刀倒入碗中。

蜂蜜量较多就非常容易搅拌，隔水加热成松散的状态。

和步骤 2 一样用打蛋器搅拌均匀。用橡皮刮刀将粘在碗边缘的面糊刮下。

4 搅拌粉类

从较高处将低筋面粉过筛放入，改用橡皮刮刀，用J 字搅拌法搅拌均匀。搅拌约 40 次即可。

5 过滤面糊

用汤勺磨擦滤网将面糊一点点过滤。

诀窍

制作长崎蛋糕一般使用“翻拌”的动作。通过过滤后才能烘烤均匀。

烘烤面糊

6 倒入模具中烘烤

倒入提前准备1，连同烤盘一起放在抹布上，轻轻磕约 10 次，磕出空气，平整表面。

用竹签将表面的大气泡戳破。放入烤箱烘烤 60~65 分钟。

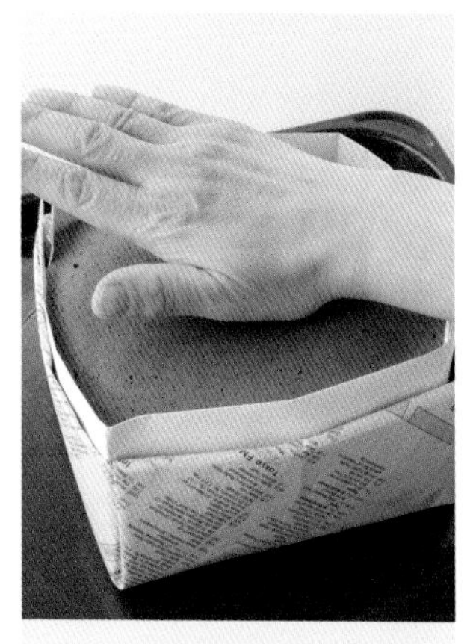

从烤箱中取出，用手轻轻按压中间，有弹性则表明烤好了。另外，未烤熟却上色过重时需盖上锡纸，继续烘烤。烘烤完毕后，连同模具在约 10cm 的高处磕几下，以防回缩。

从报纸模具中取出，放在蛋糕架上放凉约 30 分钟。

将保鲜膜展开。撕下长崎蛋糕的油纸，将油纸剪成长崎蛋糕大小，盖在上面，倒扣静置。这样上面就平整了。

将整个蛋糕用保鲜膜包裹，静置放凉。

长崎蛋糕模具的做法

制作长崎蛋糕时，为了让热量慢慢传导至蛋糕内，一般会使用木盒，但在家里制作的时候可以使用报纸代替。剪成边长 42cm 的正方形，叠加 5 张制作。

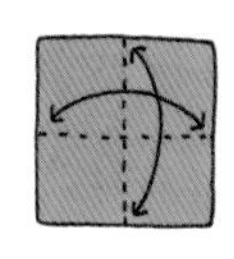

1 按照箭头的方向折叠，折出痕迹。

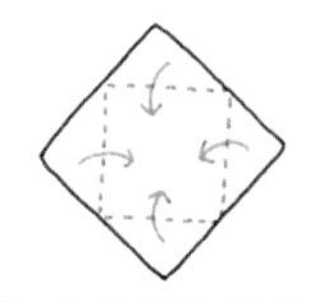

2 将4个角折向折痕中间。

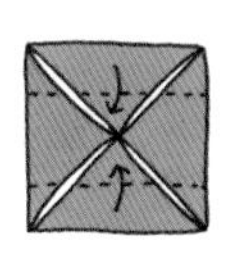

3 将上下两边折向中间，折出痕迹。

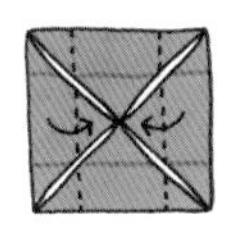

4 将左右两边折向中间，折出痕迹。

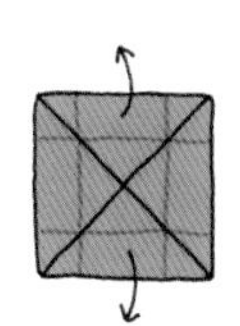

5 为了折出步骤6的形状，沿着箭头方向展开。

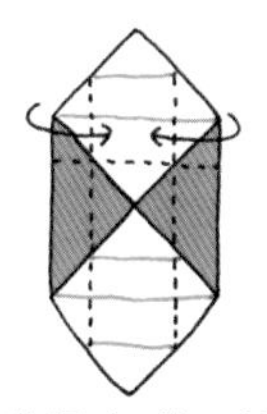

6 沿着折痕，按照箭头方向折起，折出步骤7的形状。

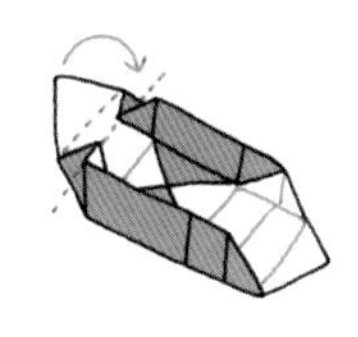

7 按照图示折起，折叠盖住。

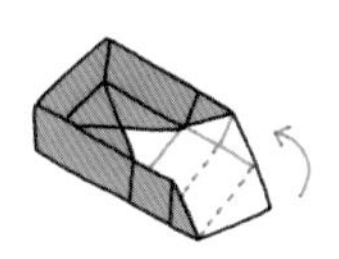

8 另一侧也同样折叠，完毕。

口感绵润、质地松软!

戚风蛋糕

真规子老师的建议

操作时间 * **约1小时30分钟**

保存期限 * **常温3天**

做出松软蛋糕的关键在于打发蛋白和制作质地较硬、纹路细腻的蛋白霜。面糊顺着模具膨胀，烤后会因为面糊的重量和重力而回缩，所以应倒扣放凉。

材料	直径 21cm 的戚风模具　1 个

蛋黄…………………………5 个鸡蛋的量（100g）
细砂糖……………………………………………50g
色拉油……………………………………………60g
牛奶………………………………………………80g
Ⓐ 低筋面粉…………………………………120g
　 泡打粉……………………………………1 小勺
柠檬皮屑……………………………1/2 个柠檬的量
香草精……………………………………………10 滴
Ⓑ 蛋白………………………6 个鸡蛋的量（180g）
　 细砂糖……………………………………………70g

提前准备

1 将材料Ⓐ混合均匀后过筛备用。

2 烤箱预热到 180℃。

3 参考 P13 准备柠檬皮屑。

制作面糊

1 打发蛋黄和细砂糖

碗（中号）内放入蛋黄和细砂糖，混合均匀后用打蛋器搅拌，用**O**字搅拌法打发到颜色发白。

2 搅拌色拉油

放入色拉油，搅拌到顺滑。

3 分两次放入牛奶，搅拌

将牛奶用微波炉加热 20 秒，倒入一半牛奶，放入提前准备3后搅拌均匀。

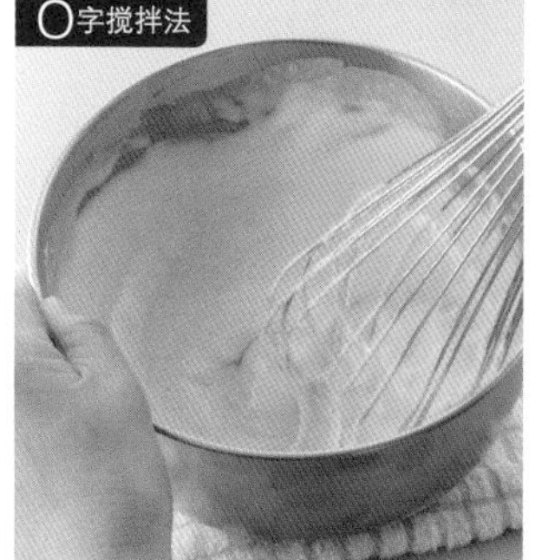

倒入剩余牛奶后搅拌均匀。

4

搅拌粉类

放入提前准备**1**，用打蛋器搅拌约 1 分钟。

> 诀窍
>
> 粉类比蛋液量少，所以要用力搅拌粉类，以形成面筋来支撑蛋液。

提起打蛋器后面糊缓缓落下，留下形状。

就是这种状态。

5

制作蛋白霜

碗（大号）内放入材料Ⓑ的蛋白，打散后按照P95 蛋糕卷的步骤 2 的要点放入细砂糖，打发蛋白做成蛋白霜。

6

放入 1/3 蛋白霜后搅拌

在步骤 4 的材料内放入1/3 蛋白霜。

用打蛋器进行**J** 字搅拌法搅拌，从底部翻拌，轻轻敲打碗边缘，使材料落下后再搅拌。

O字搅拌法 10~20次

7

搅拌蛋白霜和面糊

用电动打蛋器的搅拌棒进行**O**字搅拌法搅拌10~20 次，重新打发剩余的蛋白霜。

J字搅拌法 15次

放入步骤 6 的蛋白霜，继续用打蛋器搅拌约15 次。

> 诀窍
>
> 使用打蛋器多次用力搅拌。

改用橡皮刮刀，边搅拌边将碗底和边缘的面糊刮下，搅拌均匀。

烘烤面糊

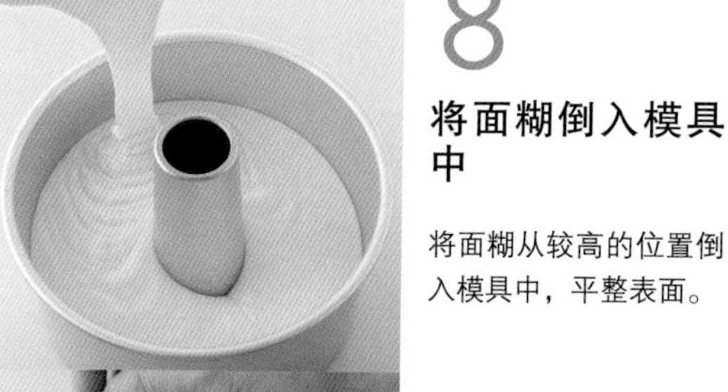

8

将面糊倒入模具中

将面糊从较高的位置倒入模具中，平整表面。

插入竹签旋转 5 圈，戳破大气泡。放在烤箱的架子上，用 180℃烘烤20 分钟，转 170℃烘烤20 分钟。

9

脱模

烘烤完毕后，在距离操作台10cm高的地方磕下，立刻倒扣，将中间的孔插入瓶子中，完全放凉。

用蛋糕刀插入模具和蛋糕之间，垂直旋转1圈，取出蛋糕。

用竹签插入模具中间的孔和蛋糕之间，旋转1圈。

底部平行地插入蛋糕刀，倒扣脱模。

香味浓郁的清雅蛋糕！

红茶戚风蛋糕

材料 直径21cm戚风蛋糕模具 1个

蛋黄……………………… 5个鸡蛋的量（100g）
细砂糖…………………………………………… 50g
色拉油…………………………………………… 60g
Ⓐ 牛奶…………………………………………… 90mL
　 红茶（伯爵红茶）……………………1包（2g）
Ⓑ 低筋面粉……………………………………… 120g
　 泡打粉………………………………………… 1小勺
红茶（伯爵红茶）……………………………1包（2g）
Ⓒ 蛋白………………… 6个鸡蛋的量（180g）
　 细砂糖………………………………………… 70g

操作时间＊**约1小时30分钟**　保存期限＊**常温3天**

提前准备

1 将材料Ⓐ的牛奶煮沸，放入红茶（连同茶包）。关火焖3分钟，用橡皮刮刀按住茶包挤压，取出。使用茶叶时可用滤网过滤。
2 将材料Ⓑ混合均匀后过筛备用。
3 烤箱预热到180℃。

做法

1. 碗内放入蛋黄和细砂糖，用打蛋器搅拌，用**O**字搅拌法打发到颜色发白。
2. 放入色拉油，搅拌到顺滑。放入提前准备1，搅拌均匀。
3. 将红茶（使用茶叶的话将茶叶切碎）、提前准备2过筛放入，用打蛋器搅拌约1分钟。
4. 按照戚风蛋糕的步骤5~9的要点用材料Ⓒ制作蛋白霜，烘烤。

专栏

使用裱花嘴装饰

使用裱花嘴和裱花袋享受各种装饰的乐趣。熟悉后会掌握得更好，所以要一点点练习。

裱花袋的使用方法

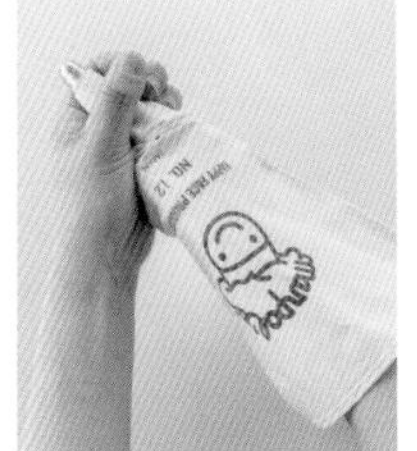

1

将裱花嘴插入裱花袋尖端，组合起来。

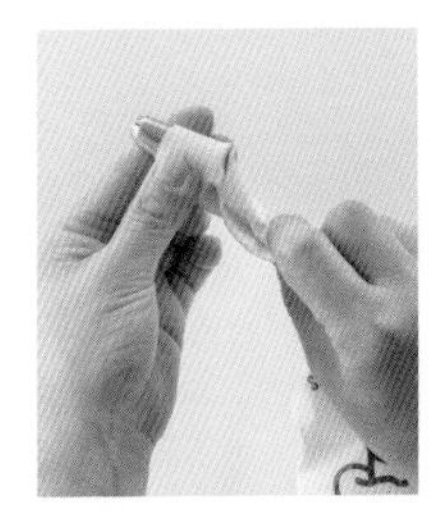

2

将裱花嘴靠上位置拧紧。

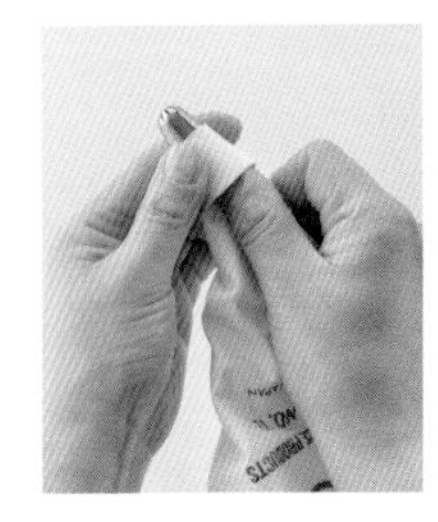

3

拧入裱花嘴中间。这样倒入奶油后也不会溢出。

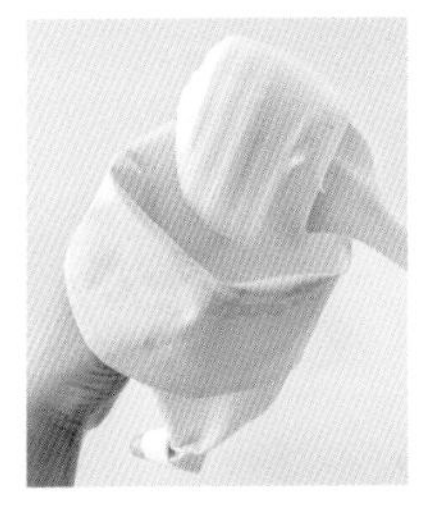

4

在裱花袋 1/3 处翻折，装入奶油。

5

将奶油朝着裱花嘴的方向挤入裱花袋。

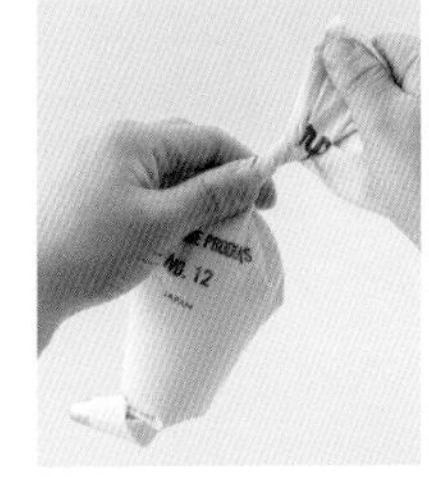

6

将裱花袋拧紧，呈现装满奶油的饱满状态。

7

握住拧紧的部分，另一只手将尖端拧紧的部分展开。

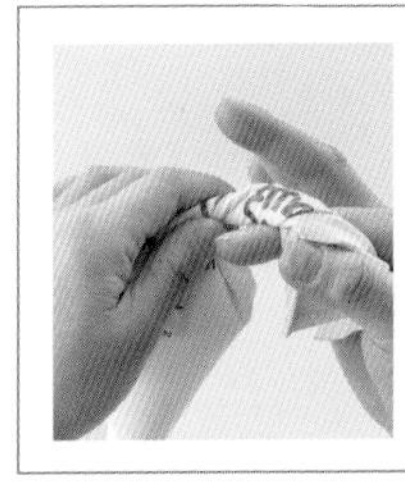

内馅不多时

将裱花袋口拧紧的部分用食指卷起，这样手的热量不会传导至奶油。

裱花的姿势和握法

站在蛋糕正面，稍微靠前挤出。将内馅挤入裱花袋尖端，用惯用手的大拇指和食指根部夹好握住。挤出时，用另一只手轻轻按住裱花袋下方，引导内馅流向，保持稳定。

使用圆形花嘴和星形花嘴的挤出方法

圆形花嘴

装饰中常用的裱花嘴。也可以用来挤出泡芙糊。

圆滚轻盈的感觉

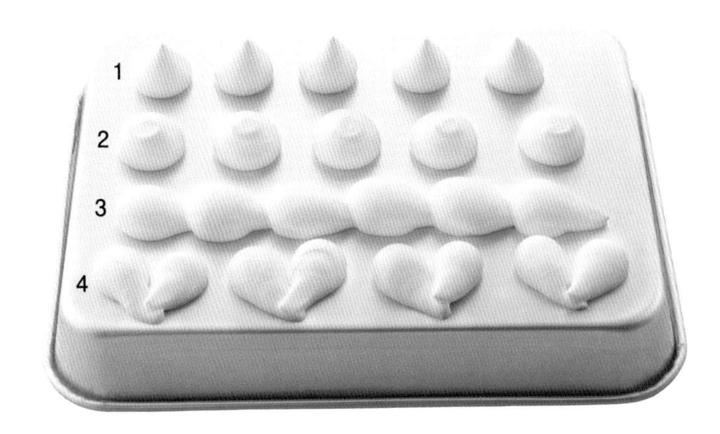

1. 圆点　垂直握住裱花袋，稍微靠近操作台，挤出奶油后垂直提起，拉出小角。
2. 圆形　垂直握住裱花袋，稍微靠近操作台，挤出圆形后轻轻按压，不要垂直提起，而是稍微绕一圈，避免出现尖角。
3. 圆形相接　略微放平裱花袋，重复“挤出后不再用力横向拉出”这个动作。
4. 心形　为了左右对称，要使用相同力度，不再用力斜向拉出。

星形花嘴

华丽古典的感觉

改变花嘴的挤出方法，能做出各种装饰

1. 圆点　垂直握住裱花袋，稍微靠近操作台，挤出奶油后垂直提起，拉出小角。
2. 玫瑰　垂直握住裱花袋，稍微靠近操作台，像画圆一样挤出奶油后提起。
3. 贝壳相接　略微放平裱花袋，重复“挤出后横向拉出”这个动作。
4. 翅膀相接　略微放平裱花袋，重复“像画圆一样挤出，不再用力拉出”这个动作。

专栏

漂亮分切蛋糕的方法

将蛋糕漂亮分切的诀窍在于避开难以分切的装饰、加热刀、粘上奶油后立即擦拭。熟练掌握正确的分切方法吧。

奶油蛋糕

1

将用水浸湿的抹布拧干，用微波炉加热40~50 秒后包裹住刀，使刀温热。

2

分切的位置应避开草莓等装饰，边用手按压蛋糕刀背，边水平入刀。使用蛋糕刀等带有波纹的刀更方便。

3

边一点点移动刀，边往下切，将海绵蛋糕切开。

4

粘上奶油的刀，每次都要用温热的抹布擦拭，再分切。

5

将刀水平插入蛋糕底部，将蛋糕拉出。

挞

1

和奶油蛋糕一样，用抹布将刀温热。切的位置避开水果。挞皮质地较硬，所以先插入刀尖，以此为支点慢慢切下。

2

继续分切时，首先将刀切入上面的水果中，再一点点移动慢慢切下。

3

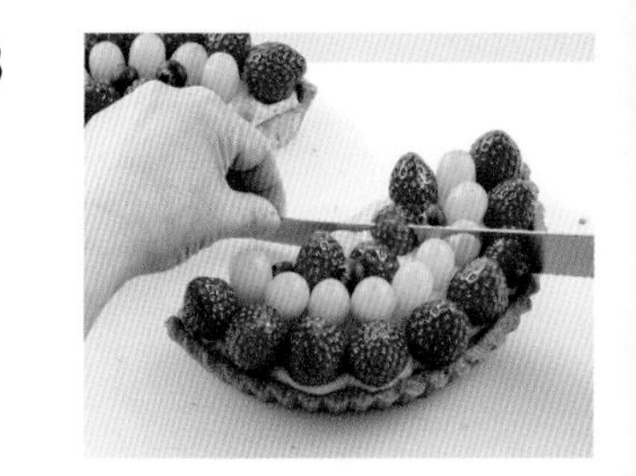

切挞皮的部分时，先用手按住刀尖，垂直切下。

凝固制作冷藏糕点

布丁、果冻、果子露、慕斯……
口感清凉、入口即化的糕点不管大人还是孩子都非常喜欢。
吉利丁和琼脂是制作这些糕点不可或缺的材料。
掌握融化温度、漂亮的凝固方法
才能做出口感爽滑、入口即化的糕点。

蛋香浓郁的经典糕点！

布丁

材料	150mL 布丁模具　6 个

【布丁液】
鸡蛋……………………… 3 个
蛋黄…………… 1 个鸡蛋的量
砂糖…………………………70g
牛奶……………………… 1 杯
淡奶油……………………1/2 杯
香草精…………………… 少量

【焦糖酱汁】
砂糖………………………………40g
水……………………… 1 大勺
热水…………………… 2 大勺
有盐黄油（涂抹模具用）
……………………………… 适量

材料比例
蛋液:砂糖:水分（牛奶、淡奶油）=2:1:4

提前准备

1 烤箱预热到 150℃。
2 脱模盛盘时，用手指在模具侧面薄薄涂抹一层黄油。

真规子老师的建议

放入较多蛋黄才能做出味道浓郁的布丁。用 80℃的热水隔水加热，搅拌到顺滑后凝固。放入香草精时，如果表面有浮沫，用厨房纸擦掉。

操作时间 * **约2小时**
保存期限 * **冷藏3天**

制作焦糖酱汁

1 焦化砂糖

小锅内放入砂糖和水，边中火加热边搅拌。搅拌到周边呈茶褐色后慢慢晃动锅，使其均匀上色，有烟后关火。用余热煮到适合的焦化状态。

热水沿着橡皮刮刀流入碗内，检查硬度（将1滴滴入装满水的碗内，不会渗入水中凝结成圆球），快速倒入模具中。室温下静置20分钟以上，冷藏凝固。

制作面糊

2 加热牛奶、淡奶油

将步骤1的锅擦干，将牛奶和淡奶油加热到人体温度，注意不要煮沸。

诀窍

加热到人体温度，让面糊整体温度上升，缩短加热时间，做出顺滑的口感。

3 搅拌蛋液、砂糖

碗内放入蛋液和蛋黄，打散后放入砂糖。用打蛋器进行O字搅拌法搅拌均匀，一点点放入步骤2的材料后搅拌均匀。用滤网过滤，放入香草精，搅拌均匀。

将面糊隔水加热烘烤

4 隔水加热烘烤

趁热慢慢倒入模具，放在铺有湿抹布的烤盘上（烤盘较浅时放入方盘），倒入约1cm的温水，放入烤箱烘烤20~25分钟。取出后散热，冷藏放凉。

口感香浓的布丁！

餐馆风味顺滑布丁

材料 100mL蒸碗 5~6个

【布丁液】蛋黄……3个 砂糖……60g
淡奶油……1杯 牛奶……1/2杯 香草豆荚……2cm
【焦糖酱汁】
砂糖……40g 水……1大勺 热水……1½大勺

操作时间 * **约2小时** 保存期限 * **冷藏2天**

提前准备

1 烤箱预热到150℃。
2 将香草豆荚剖开，放在案板上剖出香草籽，和淡奶油、牛奶混合均匀。

做法

1. 按照布丁的步骤1~3的要点制作。在步骤2中放入提前准备2，步骤3中不使用香草精。
2. 边搅拌步骤1的材料，边倒入蒸碗，放在铺有湿抹布的烤盘上（烤盘较浅时放入方盘），倒入约1cm的温水。
3. 放入烤箱烘烤20~23分钟。取出后放凉，冷藏凝固。

材料	150mL 玻璃杯　6 个

西柚……2 个（果肉用 1/2 个、榨汁用 1½ 个）或者 1½ 大勺吉利丁粉（8g）+6 大勺水。
砂糖…… 60g
君度酒等喜欢的利口酒……1 大勺
速溶吉利丁……1 大勺（5g）
茴香芹等喜欢的香草……适量

提前准备

1 将玻璃杯放入水中，倒扣轻轻擦去水分。
2 使用吉利丁粉时，放入分量内的水中浸泡变软。

清凉爽滑的糕点！

西柚果冻

操作时间 ＊ **约3小时30分钟**
保存期限 ＊ **冷藏3天**

真规子老师的建议

利用鲜嫩水灵的水果、放入水量 1% 的吉利丁做成柔软的布丁。将黏稠的布丁液冷藏凝固制作。如果喜欢质地较硬的布丁，可以放入水量 1.5%~2% 的吉利丁。

搅拌材料

1 取出果肉，榨汁

将 2 个西柚横向对半切开，用汤勺取出 1/2 个的果肉，另外的 1½ 个西柚榨汁，再倒入 2½ 杯水。

2 搅拌榨汁和砂糖

小锅内放入步骤 1 的榨汁和砂糖，混合均匀后中火加热。

3 放入吉利丁

接近煮沸前离火，撒上速溶吉利丁（或者放入提前准备2）。

立刻用O字搅拌法搅拌均匀，搅拌约 1 分钟，用余热融化。

冷藏凝固

4 搅拌到黏稠

将步骤 3 的材料倒入碗内，碗底放上冰水，不断搅拌。

诀窍

碗底放上冰水，搅拌到黏稠凝固、做出顺滑的口感。

搅拌到略微黏稠后，放入步骤 1 的果肉。

继续倒入喜欢的利口酒，搅拌均匀。

※ 不喜欢酒精或者想让小孩子食用的话可以不倒入利口酒。

5 冷藏凝固

将提前准备1分成 6 等份，冷藏 3 小时以上凝固，可以装饰上喜欢的香草。

材料	80mL 铝模具　5 个

冷冻芒果（或者罐头）…… 200g
砂糖…… 40g
水…… 1/2 杯
牛奶…… 1 杯
速溶吉利丁…… 1½ 大勺（8g）
或者吉利丁粉 2 大勺（8g）+ 水 6 大勺。
朗姆酒…… 1 小勺
【装饰用】
炼乳…… 3 大勺
冷冻芒果（或者罐头）…… 80g
薄荷…… 适量

有着水果的清香，小吃店的人气糕点！

芒果布丁

a

提前准备

1 将装饰用的芒果切成喜欢的大小。
2 模具放入水中，倒扣轻轻擦去水分（图 a）。
3 使用吉利丁粉时，用分量内的水中浸泡变软。

真规子老师的建议

为了方便脱模，吉利丁的量占水分的 2%。新鲜芒果含有分解蛋白质的酵素，建议冷冻。使用新鲜芒果时，一定要充分加热后使用。

操作时间 ＊ **约3小时30分钟**
保存期限 ＊ **冷藏3天**

搅拌材料

1

搅碎芒果

将布丁用的芒果切成2~3cm的小块，撒上砂糖，用叉子捣碎。

用力捣碎到果肉变软。

2

搅拌吉利丁

小锅内放入步骤 1 的材料和分量内的水，中火加热。接近沸腾前关火，撒入速溶吉利丁（或者放入提前准备3）。

立刻用**O**字搅拌法搅拌均匀，搅拌约 1 分钟，用余热融化。

3

搅拌牛奶、朗姆酒

倒入碗内，一点点放入牛奶，搅拌到顺滑。

继续放入朗姆酒，搅拌均匀。

冷藏凝固

4

冷藏凝固

碗底放上冰水，不断搅拌，搅拌到略微黏稠后，倒入提前准备2。冷藏凝固 3 小时以上。脱模淋上炼乳，装饰上提前准备1和薄荷。

Q 为什么不能减少砂糖的量？

A 砂糖不仅有甜度，也有保存水分的作用，和吉利丁混合均匀后可以保持水分。制作果冻时，如果为了控制甜度过度而减少砂糖用量，凝固状态会变稀，也会溢出水分。

材料	15cm 长的羊羹模具　1 个

奶油奶酪…………………………………… 200g
淡奶油……………………………………… 1/2 杯
原味酸奶…………………………………… 100g
砂糖………………………………………… 50g
Ⓐ 速溶吉利丁……………… 1½ 大勺（8g）
或者吉利丁粉 2 大勺（10g）。
100% 纯橙汁 ……………………… 1/2 杯
柠檬汁……………………………………… 2 大勺
市售长崎蛋糕………………… 3cm 厚的 4~5 片
莳萝等喜欢的香草………………………… 适量
柠檬皮屑…………………………………… 适量

提前准备

1 大碗内放入奶油奶酪，盖上保鲜膜，捣碎压实，室温下静置回温。
2 淡奶油打发到 6 分发，冷藏。
3 使用吉利丁粉时，放入橙汁浸泡变软。

酸奶和奶酪的清爽组合！

新鲜奶酪蛋糕

操作时间 ＊ **约3小时40分钟**
保存期限 ＊ **冷藏3天**

真规子老师的建议

橙汁内放入吉利丁溶解，和奶油奶酪搅拌均匀。这时一点点放入吉利丁可避免面糊凝固。没有长崎蛋糕时，也可以不用铺入模具中。

搅拌材料

1 铺入长崎蛋糕

模具底部铺上油纸，铺入对半切开的长崎蛋糕。

2 搅拌砂糖

将提前准备1用打蛋器（使用O字搅拌法）搅拌均匀，放入砂糖继续搅拌均匀。

3 搅拌酸奶

放入酸奶，用打蛋器转圈搅拌。

4 融化吉利丁

小锅内倒入材料Ⓐ的橙汁，中火加热，煮到接近沸腾后离火，撒入速溶吉利丁，搅拌均匀（约1分钟），用余热融化（提前准备3隔水加热融化）。

5 搅拌融化的吉利丁、柠檬汁

将步骤4的材料一点点倒入步骤3的酸奶内，每次都搅拌均匀。

如果一次性全部放入，吉利丁会凝固，要注意操作。

继续放入柠檬汁，搅拌均匀。

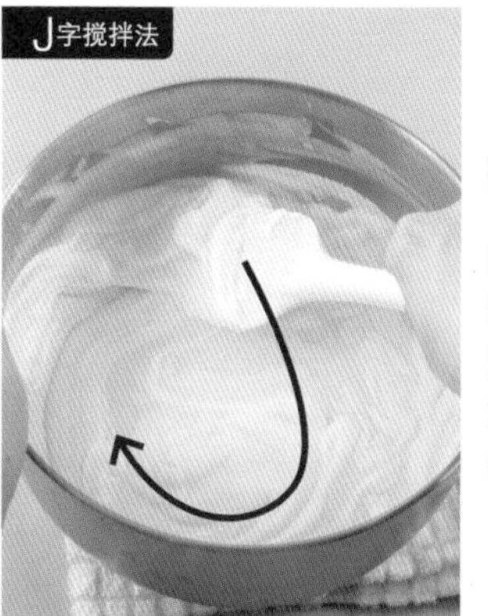

6 搅拌淡奶油

将1/3淡奶油放入提前准备2，改用橡皮刮刀进行J字搅拌法搅拌。放入剩余淡奶油，继续搅拌均匀。

冷藏凝固

7 冷藏凝固

倒入步骤1的蛋糕中，平整表面，冷藏3小时以上。脱模后分切，也可以撒上柠檬皮屑，装饰上香草。

材料	150mL 的布丁模具　6~7 个

草莓……250g
砂糖……80~100g
白葡萄酒……1 大勺
速溶吉利丁……1 大勺（5g）
或者吉利丁粉 1½ 大勺（8g）+ 水 6 大勺。
淡奶油……1 杯
原味酸奶……1/4 杯
柠檬汁……1 大勺
草莓、薄荷（装饰用）……各适量

香甜的草莓搭配浓郁的淡奶油！

草莓慕斯

提前准备

1 将淡奶油打发到 6~7 分发，冷藏备用。
2 将装饰用的草莓切成 5mm 厚的圆片。
3 使用吉利丁粉时，用分量内的水浸泡变软。

操作时间 * **约4小时**
保存期限 * **冷藏2天**

真规子老师的建议

搅拌混入草莓和吉利丁的慕斯液以及淡奶油时，关键要搅拌成同样黏稠的状态。首先放入 1/3 的量，搅拌均匀后，剩余的就容易搅拌了。

搅拌材料

1

搅碎草莓

将草莓去蒂，对半切开。盖上砂糖静置30分钟后，用叉子用力搅碎。

利用砂糖的渗透压让表面变软、容易加热，同时也能沾染上草莓的香味，做成味道浓郁的糖浆。

中火

2

倒入白葡萄酒，混合

小锅内放入步骤1的材料，倒入白葡萄酒，中火加热。

O字搅拌法

3

搅拌吉利丁

接近沸腾后关火，撒入速溶吉利丁（或者放入提前准备3）。立刻用**O**字搅拌法用力搅拌，搅拌约1分钟，用余热融化。

O字搅拌法

4

搅拌酸奶、柠檬汁

倒入碗内，放入酸奶和柠檬汁。用橡皮刮刀搅拌均匀。

5

搅拌到黏稠后放入淡奶油，搅拌

碗底放上冰水，用橡皮刮刀搅拌到黏稠。

将1/3淡奶油放入提前准备1，这里开始用**J**字搅拌法搅拌均匀。

诀窍

先放入1/3淡奶油搅拌均匀，这样能和黏稠的淡奶油混合均匀，之后放入2/3的淡奶油，不容易消泡。

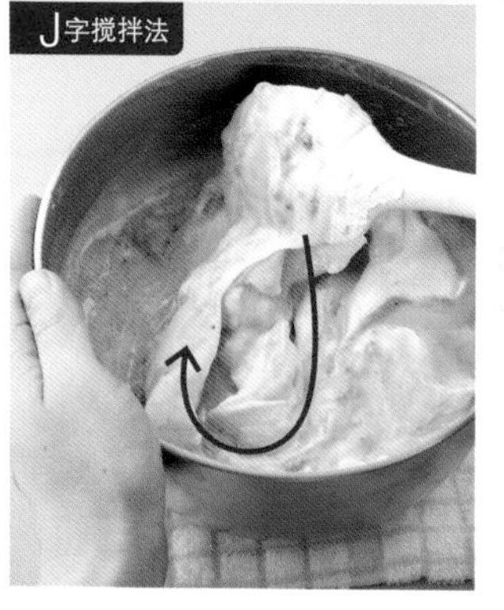

放入剩余淡奶油，用**J**字搅拌法搅拌均匀。

冷藏凝固

6

冷藏凝固

倒入模具，冷藏凝固3小时以上。装饰上提前准备2和薄荷。

材料	15cm 长的羊羹模具　1 个

Ⓐ
- 琼脂粉…… 1 小勺（约 4g）
- 砂糖……70g
- 杏仁霜……15g

Ⓑ
- 牛奶……1½ 杯
- 水……1/2 杯

淡奶油（乳脂含量 35%）…1 杯

【糖浆】
- 茉莉花茶……1½ 杯
- 砂糖……50g
- 桂花陈酒（或者杏露酒）…1 大勺
- 枸杞……适量

※ 杏仁霜……将杏仁磨成粉末。

提前准备

1 将材料Ⓐ混合均匀。

2 羊羹模具放入水中，倒扣着轻轻擦去水分。

有着一丝香甜的杏仁霜

杏仁豆腐

真规子老师的建议

用水量 0.7% 的琼脂做出爽滑的口感。只将琼脂粉融化发挥不出凝固的作用，要边搅拌边加热 2 分钟，注意不要煮沸。

操作时间 * **约2小时30分钟**

保存期限 * **冷藏3天**

搅拌材料

O字搅拌法 中火

1

搅拌琼脂粉、牛奶

在直径约 20cm 的锅内放入提前准备1和材料Ⓑ，混合均匀，边中火加热边用橡皮刮刀搅拌。

诀窍

提前和砂糖混合均匀，这样难以形成不易融化的疙瘩。

O字搅拌法 小火 煮2分钟

煮沸后转小火，煮 2 分钟，使琼脂融化，注意不要煮沸。

诀窍

达到 90℃后琼脂才会完全融化。加热 2 分钟，注意不要煮沸。

2

搅拌淡奶油

倒入淡奶油，搅拌均匀，关火。

冷藏凝固

3

冷藏凝固

倒入羊羹模具中，放凉，盖上保鲜膜，冷藏凝固 2 小时以上。

制作糖浆

4

搅拌茉莉花茶、砂糖

小锅内放入茉莉花茶和砂糖，边中火加热边搅拌。

砂糖融化后关火。

放入桂花陈酒（或者杏仁露）、枸杞，粗略搅拌。

5

用冰水冷却

倒入碗内，碗底放冰水，完全冷却。将步骤 3 的材料脱模，横向对半切开，分切成菱形后盛盘，淋上糖浆。

材料	方便制作的量

柠檬汁……………………1个柠檬的量（50g）

Ⓐ
- 水……………………………………2杯
- 砂糖…………………………………100g
- 生姜切细丝……………………………1片
- 柠檬皮………………………1个柠檬的量

薄荷………………………………1撮（10g）

提前准备

1 将柠檬用盐（分量外）裹住揉搓，用水洗净，对半切开，榨成柠檬汁，将榨汁剩下的残渣用汤勺取出，继续对半切开。

混入空气，做出硬脆口感！

薄荷柠檬果子露

操作时间 * **约5小时**
保存期限 * **冷冻2周**

真规子老师的建议

冷冻后外侧凝固，取出搅碎，混入空气。建议冷冻凝固的保存容器使用导热性好的金属材质。

搅拌材料

1
搅拌砂糖、生姜

小锅内放入材料Ⓐ，混合均匀，中火加热，煮沸后转小火煮 5 分钟，关火。

放上薄荷，盖上锅盖蒸 2 分钟。

2
倒入柠檬汁

将步骤 1 材料用滤网过滤到碗内。

倒入柠檬汁，碗底放上冰水放凉。

> **诀窍**
> 碗底放上冰水立刻冷却，不会变得浑浊。

冷冻凝固

3
冷冻凝固

放入方盘中，盖上保鲜膜，冷冻约 2 小时。

4
搅拌均匀

周边凝固约一半后，用叉子快速搅拌冰块，混入空气。

每隔 1 小时重复这个步骤 2~3 次。可以放入较深的金属保存容器中密封，完全冷却凝固。

放入果肉口感清爽！

酸奶橙子果子露

材料 方便制作的量

橙子……5 个（果肉用 1 个、榨汁用 4 个）
※ 也可以用 2 杯 100% 纯橙汁代替橙子榨汁。
砂糖……100g　原味酸奶……200g

操作时间 ＊ **约5小时**　保存期限 ＊ **冷冻2周**

提前准备

1 将果肉用的 1 个橙子横向对半切开，用汤勺将果肉取出。
2 将 4 个榨汁用的橙子榨汁，准备 2 杯。

做法

1. 小锅内倒入一半橙子榨汁（或者橙子果汁），放入砂糖，中火加热，使砂糖融化。
2. 碗内依次放入酸奶、剩余橙子榨汁（或者橙子果汁）、步骤 1 的材料，每次用打蛋器搅拌均匀。放入提前准备1，粗略搅拌。
3. 按照薄荷柠檬果子露的步骤 3~4 的要点冷却凝固。装饰上切成半圆的橙子片（分量外）。

在家也能做出口感顺滑、味道浓郁的冰淇淋！

香草冰淇淋

真规子老师的建议

温热的牛奶和蛋黄混合均匀，加热到顺滑，凸显蛋黄的香气和味道。搅拌到颜色发白后，口感更好。

操作时间 * **约5小时**
保存期限 * **冷冻2周**

材料	方便制作的量

蛋黄……………………………… 3 个鸡蛋的量

砂糖………………………………………… 120g

或者黑砂糖 60g+ 砂糖 60g。

Ⓐ
- 牛奶……………………………………… 2 杯
- 香草豆荚………………… 1/2 根（7~8cm）

  或者香草精 10 滴。

  ※ 使用黑砂糖时，不用放入香草精。

淡奶油……………………………………… 1 杯

提前准备

1 将香草豆荚对半切开，剖出香草籽，连同豆荚、牛奶一起放入直径约 20cm 的锅内。

搅拌材料

1 搅拌蛋黄和砂糖

碗内放入蛋黄，用打蛋器打散，放入砂糖（或者黑砂糖 + 砂糖），打蛋器用**O**字搅拌法搅拌。

搅拌到混入空气、颜色发白。

2 加热牛奶

将提前准备1中火加热，接近沸腾后离火。

一点点倒入步骤 1 的材料内，搅拌均匀。边用打蛋器搅拌，边一点点混合均匀。

3

搅拌到黏稠

将步骤 2 的材料用滤网过筛到锅内。

中火加热，用橡皮刮刀在碗底不断搅拌约 3 分钟。

> **诀窍**
> 慢慢加热，在凸显浓郁的蛋黄味道的同时，也起到了杀菌作用。

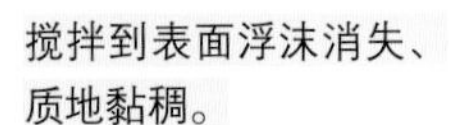

搅拌到表面浮沫消失、质地黏稠。

> **诀窍**
> 这种黏稠的状态是加热到 80℃的状态。这样加热后，蛋液和牛奶分离，也会影响口感和味道。

4

搅拌淡奶油

倒入碗内，碗底放上冰水散热。

放凉后放入淡奶油，搅拌。这时表面有浮沫的话，用厨房纸擦去。

冷冻凝固

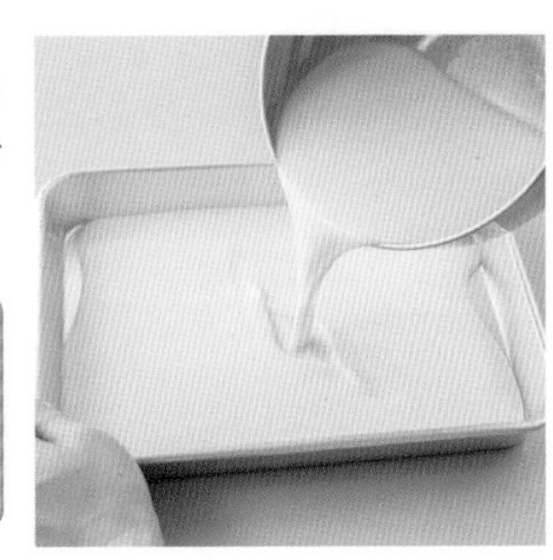

5

冷冻凝固

倒入方盘，盖上保鲜膜，冷冻凝固。

6

搅拌均匀

经过约 2 个小时，周围约一半凝固后，倒入碗内。

趁没有融化，用打蛋器快速转圈搅拌。

> **诀窍**
> 一半冷冻后搅拌均匀，打发到黏稠。打发到颜色发白，做成口感更好的冰淇淋。

搅拌到混入空气、颜色发白。如果融化变稀则倒入方盘中，再冷冻，总共用打蛋器搅拌 1 个小时。倒入较深的金属保存容器中，完全冷冻凝固。

将砂糖焦化，做成略苦的焦糖！

焦糖冰淇淋

材料	方便制作的量
Ⓐ 砂糖	80g
Ⓐ 水	1大勺
淡奶油	1杯
牛奶	2杯
Ⓑ 蛋黄	2个鸡蛋的量
Ⓑ 砂糖	50g

操作时间 ＊ **约5小时**　保存期限 ＊ **冷冻2周**

提前准备

1 将淡奶油、牛奶分别用微波炉加热1分钟。

做法

1. 小锅内放入材料Ⓐ的砂糖、水，搅拌均匀后中火加热。周边呈茶褐色后慢慢晃动锅，使其均匀上色，有烟后呈现焦糖色离火。将淡奶油一点点顺着橡皮刮刀倒入，用O字搅拌法搅拌到顺滑。

2. 锅底凝固后加热融化，一点点放入牛奶，搅拌均匀。

3. 碗内放入材料Ⓑ的蛋黄，用打蛋器搅拌，放入砂糖，搅拌到颜色发白。

4. 一点点放入步骤2的材料搅拌均匀，用滤网过滤回锅内。中火加热，用橡皮刮刀在锅底不断搅拌约3分钟，搅拌到黏稠。锅底浸入方盘的冰水中，放凉。

5. 按照香草冰淇淋的步骤5~6的要点冷冻凝固。

专栏

糕点的保存方法和烘烤过度时的处理方法

为了能美美地享用到最后一个糕点，这里介绍几种保存方法。另外，还要了解烘烤过度、糕点变得干瘪时的处理方法。

糕点的保存方法

饼干

饼干放在蛋糕架上完全放凉。

装入保存袋中，密封保存，以免受潮。也可以放入干燥剂。

蛋糕

将磅蛋糕等烘烤糕点完全放凉，分切后将每块用保鲜膜包好，以免干燥，之后放入保存袋中。

日式糕点

日式糕点也是每块用保鲜膜包好，以免干燥，再放入保存袋中。

烘烤过度时的处理方法

1.包裹保鲜膜

烘烤完毕后略微放凉，趁温热用保鲜膜包好静置，糕点受水蒸气影响会变得绵润。

2.刷糖浆

将砂糖和水（比例 1:1）煮沸，制作糖浆，刷在坚硬的部分，糕点就变得绵润了。

Q 烘烤糕点可以冷冻保存吗?

A 除布丁之外的烘烤糕点都可以冷冻保存。每 1 块都用保鲜膜紧紧包好，以免混入空气，放入保存袋中，可以保存 2~3 周。食用时自然解冻，用多士炉或者微波炉略微加热，依旧飘香诱人。

Q 烘烤糕点的上部略焦的话，该怎么办才好呢?

A 要是烤焦了一点儿，将焦黑的部分用刀刮下就可以了。若烤焦的周边也变得干瘪，要刷上一层糖浆。

人气巧克力糕点

说起作为礼物的经典糕点,应该就是巧克力糕点了。
本书使用的是能轻松买到的板状巧克力。
制作巧克力糕点,关键要控制温度。
一定要掌握融化方法和调温(调整温度)的诀窍,
隔水加热时也要注意温度。

放凉后味道更浓郁的蛋糕！

香料巧克力蛋糕

真规子老师的建议

操作时间 ＊ **约2小时**
（冷藏时间除外）

保存期限 ＊ **冷藏5天**

融化巧克力要加热到方便搅拌的温度（约 60℃），关键是用橡皮刮刀慢慢搅拌。用合适的温度调温，做出富有光泽、外表漂亮的成品。

材料	17cm×7cm×6cm 的磅蛋糕模具　1 个

板状巧克力（黑巧克力）…………………… 200g
柠檬榨汁………………………………………… 1/2 杯
或者 100% 纯橙汁。
有盐黄油………………………………………… 50g
砂糖……………………………………………… 100g
鸡蛋……………………………………………… 1 个
Ⓐ 低筋面粉……………………………………… 100g
Ⓐ 多香果（或者肉桂）………………………… 1/2 小勺
橙子皮屑………………………………… 1 个橙子的量
【装饰用】
淡奶油、橙皮丝、薄荷…………………………各适量

提前准备

1. 将板状巧克力在厨房纸上切成粗末。
2. 碗（大号）内放入黄油，室温下软化。
3. 将材料Ⓐ放入保鲜袋中混合均匀。
4. 橙子用盐（分量外）包裹揉搓，用水洗净。准备橙子皮屑和装饰用的橙皮丝。
5. 将油纸剪成合适大小，铺入模具中。
6. 烤箱预热到 180℃。

制作面糊

1

巧克力和橙子混合均匀

将提前准备1和提前准备4的橙子皮屑混合均匀，放入碗（中号）内备用。

在小锅中倒入橙子榨汁（或者橙子果汁），中火加热，沸腾后关火。

放入巧克力，慢慢搅拌均匀。

果汁的热量传导至面糊中，静置约 1 分钟，用余热融化巧克力。

诀窍

立刻搅拌，降低温度，静置 1 分钟，融化剩余的巧克力。

2

融化巧克力

用橡皮刮刀进行**O**字搅拌法，慢慢搅拌到出现光泽。

室温下静置约 5 分钟，放凉到人体温度。

★诀窍★

这里静置放凉到黄油不会融化的温度。

3

搅拌黄油和砂糖

将提前准备**2**用打蛋器搅拌成奶油状，放入砂糖。

用打蛋器转圈搅拌，将面糊搅拌到绵润。

4

搅拌巧克力

分两次放入步骤 2 的材料。

每次都用打蛋器像摩擦一样搅拌到颜色发白。

5

搅拌蛋液

将鸡蛋打散，分两次放入。

每次都用打蛋器转圈搅拌均匀。

6

搅拌粉类

将提前准备3过筛放入。

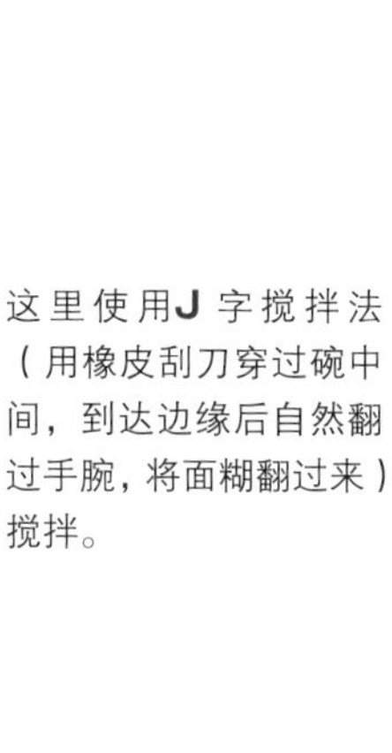

这里使用J字搅拌法（用橡皮刮刀穿过碗中间，到达边缘后自然翻过手腕，将面糊翻过来）搅拌。

边左手转动碗，边有节奏地搅拌粉类。

搅拌到没有生粉。

烘烤面糊

7

蒸烤面糊

放入提前准备5，用橡皮刮刀略微平整表面。

放在烤盘上，和盛入温水的布丁杯一起放入烤箱烘烤60~70分钟。放凉后，倒扣在蛋糕架上，取出来继续放凉。放凉后脱模，用保鲜膜包裹，冷藏半天。

切成厚约1cm的蛋糕片，放上打发到8分发的淡奶油，装饰上橙皮丝和薄荷。

Q 为什么不能用明火加热巧克力？

A 锅内放入巧克力，用明火加热，局部温度升高，容易煮焦，导致油水分离。融化时隔水加热，沸腾后关火，倒入淡奶油，慢慢搅拌融化。

材料	15cm 长的羊羹模具　1 个

板状巧克力（黑巧克力）……………200~250g
淡奶油……………………………………1/2 杯
水饴………………………………………30g
可可粉……………………………………4~5 大勺

入口即化、味道香甜！

生巧克力

提前准备

1 将板状巧克力摆在厨房纸上切粗末。
2 羊羹模具铺入油纸，侧面用厨房纸抹上薄薄一层油脂（分量外）。

操作时间 ＊ **约30分钟**
（冷藏时间除外）

保存期限 ＊ **冷藏5天**

真规子老师的建议

放入水饴，做成入口即化的巧克力。水饴也有将巧克力和淡奶油融合的作用。也可以放入蜂蜜。

搅拌材料

1

煮沸淡奶油、水饴

小锅内放入淡奶油、水饴搅拌，中火加热。

2

融化巧克力

沸腾后关火，放入提前准备1，慢慢晃动锅使其混合均匀，静置1分钟。

> **诀窍**
> 为了避免搅拌过度导致油水分离，先用淡奶油的余热略微融化巧克力，再开始搅拌。

为了避免混入空气，用橡皮刮刀慢慢搅拌到出现光泽。

冷藏凝固

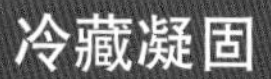

3

冷藏凝固

倒入羊羹模具，晃动模具，平整表面，冷藏3小时。

4

脱模

案板铺上略大一圈的油纸，用手的热量将步骤3中模具的侧面略微融化，脱模。

5

撒上可可粉

用粉筛将足量的可可粉过筛到表面。

将巧克力翻过来，撕下油纸，继续撒上可可粉。

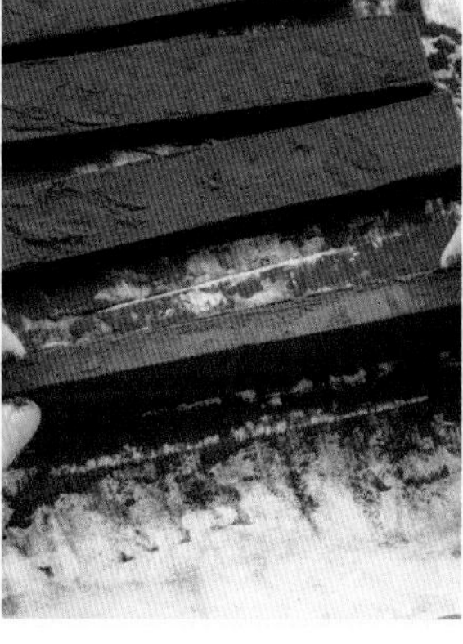

用刀切成细长状，切面也要撒上可可粉。切成喜欢的大小，切面撒上可可粉。

> **诀窍**
> 边撒可可粉边切开，操作时注意不要将手的热量传至巧克力上。

造型可爱，适合作为礼物！

巧克力球

巧克力、柚子果酱
白巧克力、薄荷

真规子老师的建议

操作时间 ＊ **约40分钟**
（冷藏时间除外）

保存期限 ＊ **冷藏3天**

使用橘皮果酱或者蔓越莓酱代替柚子果酱，用迷迭香或者罗勒代替薄荷，可以做出多种花样。白巧克力油脂较多，难以凝固，所以挤出前要完全冷却。

材料	各 20 个

【巧克力、柚子果酱】
板状巧克力（黑巧克力）…………………………200g
淡奶油……………………………………………1/2 杯
柚子果酱…………………………………………20g
可可粉……………………………………………3 大勺

【白巧克力、薄荷】
板状巧克力（白巧克力）…………………………200g
淡奶油……………………………………………1/2 杯
薄荷叶……………………………………………10g
糖粉………………………………………………3 大勺

材料比例
板状巧克力：淡奶油 =2：1

提前准备

1 将板状巧克力各自放在厨房纸上切粗末。

2 将薄荷切碎。

★诀窍★
叶子过大会残留在口中，所以一定要切成细末。

巧克力、柚子果酱

搅拌材料

1

煮沸淡奶油、柚子果酱

小锅内放入淡奶油、柚子果酱搅拌，中火加热。

沸腾后关火。

2

搅拌巧克力

放入提前准备**1**的巧克力（黑巧克力）。

晃动锅，混合均匀后静置 1 分钟。

3

融化巧克力

用橡皮刮刀进行**O**字搅拌法，慢慢搅拌。

搅拌到出现光泽。

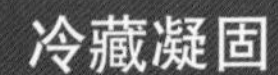

冷藏凝固

4

冷藏凝固

碗内摊开保存袋（大号）的开口，倒入步骤3的材料。

密封好，不要混入空气，压平后冷藏约30分钟。

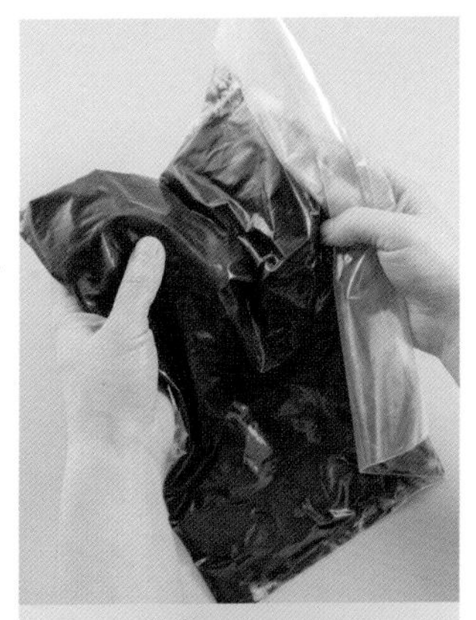

5

挤出巧克力

如果有凝固的部分，为了方便挤出，将保存袋从上往下轻轻按压均匀。

用刮板刮保存袋一角，用剪刀剪出约1cm的开口。

用粉筛在烤盘上薄薄撒上一层可可粉，挤出直径3cm大小，表面也撒上可可粉。冷藏1~2小时。

6

用手指揉圆

为了避免传导热量，不要使用手掌，用手指揉圆。撒上可可粉装饰。

白巧克力、薄荷

搅拌材料

1

煮沸淡奶油

小锅内倒入淡奶油，中火加热。沸腾后放入提前准备**2**，关火。

2

搅拌巧克力

放入提前准备**1**的巧克力（白巧克力）。

晃动锅，使巧克力变得均匀，静置 1 分钟。

3

融化巧克力

用橡皮刮刀进行**O**字搅拌法，慢慢搅拌到出现光泽。

冷藏凝固

4

冷藏凝固

按照“巧克力、柚子果酱”的步骤 4、5 的要点操作，冷藏 30 分钟~1 小时，挤在保存袋上备用。

5

挤出巧克力

用粉筛薄薄撒上一层糖粉，挤出细长形状，表面撒上糖粉。冷藏 1~2 小时。

在案板上轻轻揉搓，整成圆柱状。

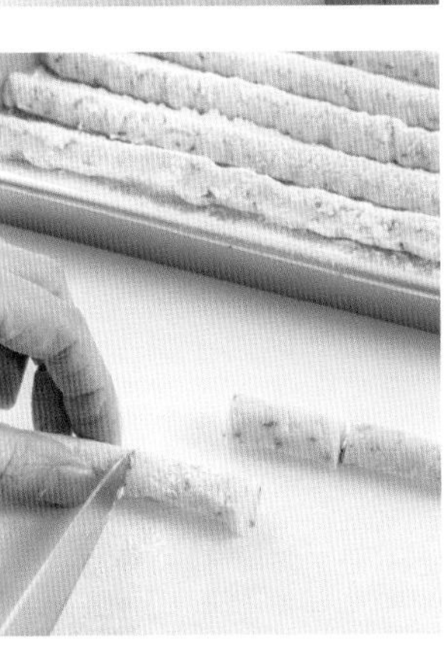

6

切成 3cm 长

切成 3cm 长，撒上糖粉装饰。

材料	100mL 蒸碗　5 个

板状巧克力（黑巧克力）······ 150g
牛奶································1/2 杯
淡奶油······························1/2 杯
喜欢的利口酒（朗姆酒、白兰地、白柑桂酒等）
··························1 小勺 ~1 大勺

【装饰】
淡奶油（根据喜好放入）·········1/2 杯
喜欢的水果（蓝莓、栗子等）··· 适量
可可粉······························ 适量

提前准备

1 将板状巧克力在厨房纸上切粗末，放入碗（大号）内备用。

略苦、醇厚的慕斯！

巧克力慕斯

操作时间 ＊ **约30分钟**
（冷藏凝固时间除外）

保存期限 ＊ **冷藏3天**

真规子老师的建议

搅拌均匀的关键在于温度。打发淡奶油时无需在碗底放上冰水，常温打发即可。浓郁的利口酒搭配巧克力非常合适。

搅拌材料

1

打发淡奶油

操作前将淡奶油从冰箱中取出，打发到 7 分发，室温下静置。

7 分发

融化巧克力

小锅内倒入牛奶，中火加热。沸腾后关火，放入提前准备**1**。

轻轻晃动大碗，使巧克力混合均匀，静置 1 分钟。

用橡皮刮刀进行**O**字搅拌法，慢慢搅拌到出现光泽。

3

搅拌利口酒

倒入喜欢的利口酒，搅拌均匀。

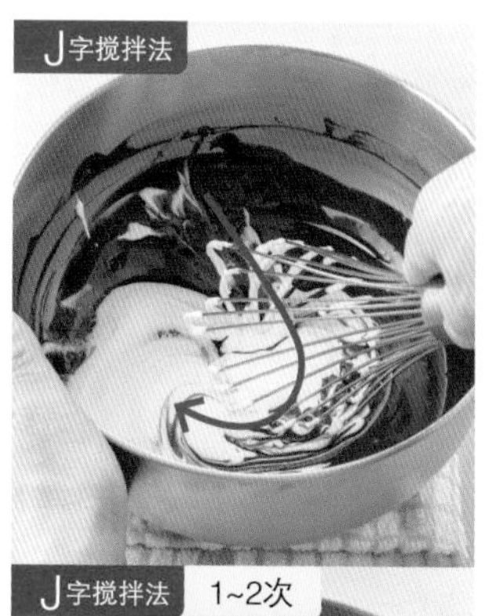

4

分两次放入淡奶油，搅拌

趁步骤 3 的材料温热的时候放入 1/2 步骤 1 的淡奶油，用打蛋器进行 **J** 字搅拌法，搅拌均匀。

放入剩余的淡奶油，继续搅拌至均匀后改用橡皮刮刀，将碗底和边缘的面糊刮下，搅拌均匀。

冷藏凝固

5

冷藏凝固

倒入蒸碗，冷藏 2~3 小时。放凉后将装饰用的淡奶油打发到 7~8 分发，放在慕斯上，装饰上喜欢的水果，撒上可可粉。

放上喜欢的果仁、干果！

干果果仁巧克力

真规子老师的建议

这里介绍不使用温度计就可以调温（参考 P4）的方法。关键在于最初的步骤中不要将巧克力加热过度，低温时慢慢搅拌。

操作时间 ＊ **各约1小时**
（放在阴凉处或者冷藏时间除外）

保存期限 ＊ **冷藏1周**

材料	24个

板状巧克力（黑巧克力或者白巧克力）
…………………………200g+30g（包含多余巧克力）

【装饰（黑巧克力）】

葡萄干……………………………………………24粒
无花果干…………………………………………6个
杏干………………………………………………4个
开心果（制作糕点用）…………………………10粒

【装饰（白巧克力）】

草莓干……………………………………………5个
烤杏仁……………………………………………12个
橙皮………………………………………………48根
开心果（制作糕点用）…………………………10个

提前准备

1 在比板状巧克力碗的直径略小一圈的小锅内准备出隔水加热的热水。

2 将汤勺冷藏备用（调温检查用）。

3 用大油纸制作2个圆锥形裱花袋（参考P48）。

4 开心果切碎，放在烤盘上，中火炒3分钟。将杏仁对半切开，将杏干、无花果干切成3~4瓣，将草莓干切碎。

调温（调整温度）

1

加热到合适温度融化

将200g板状巧克力切碎（图片左侧）。将300g板状巧克力（基础分量的10%+多余10g）继续切碎备用（图片右侧）。

将提前准备1的热水加热到60℃（锅底冒出小气泡即可）后关火。碗内放入200g巧克力，静置2分钟。

用橡皮刮刀搅拌巧克力，上下翻拌。

静置2分钟（白巧克力是1分钟）。

从热水中取出，将巧克力上下翻拌。继续静置2分钟。

诀窍

考虑到余热，将巧克力静置到稍微融化的温度。

留有粗粒的话，用橡皮刮刀按压搅拌，使其融化（如果搅拌约1分钟后还残留颗粒，再隔水加热5秒，继续搅拌，重复操作到没有颗粒为止）。

2

黏稠后降低温度

放入10g切碎的巧克力（5%分量），如果是白巧克力则20g（10%分量），轻轻搅拌均匀，静置2分钟。

用橡皮刮刀搅拌2~3分钟（白巧克力是3~4分钟）。搅拌到像图片一样的黏稠状态。

诀窍

若不黏稠，放入6g切碎的巧克力（3%分量），搅拌均匀。重复搅拌到黏稠（就算还有颗粒也不要紧）。

3

注意不要加热过度，加热到方便操作的温度即可

再次隔水加热3秒。

诀窍

隔水加热不是再次煮沸，而是利用余热加热。一定要加热到人体温度。

搅拌均匀。重复“隔水加热3秒后搅拌均匀”这个动作约5次，搅拌到没有颗粒残留、出现光泽，即调温结束。

诀窍

这里注意不要隔水加热过度。保持3秒，看到出现光泽就可以。

检查是否成功

用提前准备❷的汤勺舀出少量步骤3的材料，静置1分钟（白巧克力是2分钟），检查凝固的状态。巧克力不再发黏、完全凝固就成功了。不成功的话，就倒回步骤2内，放入切碎的巧克力。

※这个操作使用的是100~200g巧克力，不适用于100g以下。200g以上时，分几次操作。100g时，各个步骤的静置时间是1分钟（白巧克力是30秒），150g时为1分30秒（白巧克力为45秒）。

挤出凝固

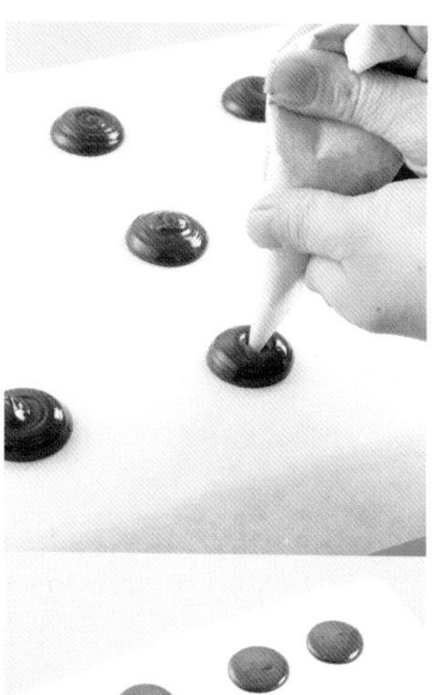

4 挤出圆形

案板铺上油纸，将一半步骤 3 的材料装入圆锥形裱花袋中（参考P48），有间隔地挤出12 个直径 3cm 的小球。

将面前的案板略微提起，边旋转案板，边敲打表面，让巧克力延展到直径约 5cm。

5 装饰

趁巧克力还没有凝固时，快速放上多彩的装饰。从较大的食材开始放，保持平衡。

将所有食材放上后，静置在阴凉处（或者冰箱冷藏）凝固约 1 小时。挤出剩余巧克力，巧克力变得黏稠凝固后，将碗隔水加热 3 秒（注意不要加热过度）。

足量的杏仁味道浓郁！

岩石巧克力

材料 20 个

板状巧克力（白巧克力）……150g+30g（含多余巧克力）
蔓越莓干……50g
杏仁纵向对半切开（制作糕点用）……100g

操作时间 ＊ **约30分钟**（阴凉处或冰箱冷藏凝固时间除外）
保存期限 ＊ **冷藏1周**

提前准备

1 烤盘铺上油纸，铺开杏仁，烤箱 150℃烘烤 10~12 分钟（图 a），完全放凉。
2 将蔓越莓撕成 2~3 等份。

做法

1. 按照干果果仁巧克力的步骤 1~3 的要点给巧克力调温。
2. 在步骤 1 的碗内放入提前准备1、提前准备2，用橡皮刮刀搅拌（图 b）。
3. 案板（或者方盘）铺上油纸，取 2 小勺做成小山状（图 c）。中途巧克力黏稠凝固后，隔水加热 3 秒（注意不要加热过度）。静置在阴凉处（或者冰箱）冷藏凝固约 1 小时。

a

b

c

生巧克力和玛芬的美味二重奏！

巧克力熔岩蛋糕

真规子老师的建议

将玛芬和生巧克力的做法组合而成的配方。像杯子蛋糕一样食用就很美味，也可以脱模冷藏，食用时用微波炉加热。

操作时间 * **约1小时**
（冰箱冷藏时间除外）

保存期限 * **冷藏3天**

材料　直径 5cm、高 4cm 的布丁模具　8 个

Ⓐ
- 低筋面粉……120g
- 可可粉……30g
- 泡打粉……1/2 小勺

油（色拉油、菜籽油等）……50g
有盐黄油……50g
砂糖……100g
鸡蛋……2 个

Ⓑ
- 板状巧克力（黑巧克力）……100g
- 淡奶油……50mL
- 覆盆子果酱……2 大勺（40g）

有盐黄油（模具用）……适量
高筋面粉（模具用）……适量
糖粉、覆盆子、薄荷……各适量

提前准备

1 将板状巧克力放在厨房纸上切碎。

2 将黄油切成 1cm 厚的小块，和色拉油混合均匀后，隔水加热融化。

3 将材料Ⓐ放入保鲜袋中混合均匀备用。

4 鸡蛋在室温下静置回温。

5 布丁模具薄薄涂抹一层黄油，撒上高筋面粉，拍去多余面粉。

制作生巧克力（甘纳许）

1 煮沸淡奶油、果酱

小锅内放入材料Ⓑ的淡奶油和果酱，轻轻搅拌，沸腾后关火。

2 融化巧克力

放入提前准备的**1**。

晃动锅，使巧克力混合均匀，静置 1 分钟。

用橡皮刮刀进行**O**字搅拌法，慢慢搅拌到出现光泽。

3

冷藏凝固

倒入铺有油纸的方盘内，慢慢晃动，平整表面，冷藏约 1 小时。

用手触摸不再发黏后，用刀切成 8 等份，每个用保鲜膜包裹。

放入布丁模具中，揉圆，不和侧面接触，冷藏。

制作面糊

4

搅拌蛋液和砂糖

烤箱加热到 180℃。碗内打入鸡蛋，用打蛋器搅拌均匀，放入砂糖。

用**O**字搅拌法搅拌到砂糖融化。

5

搅拌 1/2 的黄油、油

放入一半提前准备的**2**。

用打蛋器转圈搅拌。

> **诀窍**
>
> 放入可可粉前，先放入一半油脂再搅拌巧克力，这样容易搅拌。

6

搅拌粉类

将提前准备的**3**过筛放入。

用打蛋器转圈搅拌到没有生粉。

7
搅拌剩余的黄油、油

放入剩余的提前准备的**2**。

搅拌到混合均匀，舀起后面糊缓缓落下、留有形状。

烘烤面糊

8
装入奶油，倒入面糊

舀起约 1 大勺面糊，倒入提前准备的**5**，平整表面。

★诀窍★

为了避免生巧克力凹凸不平，一定要底部平坦。

将冷藏凝固的生巧克力放入模具中间。

将凝固的生巧克力放入模具中，注意避免巧克力融化。

装入剩余面糊，将面糊摊开，让模具和面糊之间没有缝隙。放入烤箱烘烤 14~15 分钟。

9
脱模

放在蛋糕架上完全放凉（也可以趁热食用）。

用手掌轻轻敲打模具，取出蛋糕，用微波炉加热约 20 秒，盛盘。撒上糖粉，装饰上覆盆子和薄荷。

外表酥脆的巧克力!

甘纳许松露巧克力

巧克力、红茶
白巧克力、抹茶

真规子老师的建议

操作时间 * **各约1小时**
（冷藏时间除外）

保存期限 * **冷藏1周**

将生巧克力淋面后口感更好，用叉子叉出尖角，就像是从土壤里挖出的松露。建议作为礼物。

材料 各 25 个

【巧克力、红茶】

板状巧克力（牛奶巧克力）……………………………… 200g
淡奶油……………………………………………… 150mL
红茶（红茶包）……………………………………… 5 包
或者红茶茶叶 10g。
*淋面用
板状巧克力（牛奶巧克力） 200g+30g（包含多余巧克力）

【白巧克力、抹茶】

板状巧克力（白巧克力）……………………………… 200g
淡奶油……………………………………………… 1/2 杯
抹茶………………………………… 1½ 大勺（6g）
砂糖………………………………………………… 1 大勺
水…………………………………………………… 1 大勺
*淋面用
板状巧克力（白巧克力） …200g+30g（包含多余巧克力）

提前准备

1 将板状巧克力各自放在厨房纸上切碎。

2 羊羹模具底部各自铺上油纸，侧面用厨房纸薄薄涂抹一层油（分量外）。

巧克力、红茶

制作生巧克力（甘纳许）

1

煮沸红茶、淡奶油

小锅内放入淡奶油和红茶，中火加热（红茶包的绳子易燃，要放入锅内），煮沸后关火，盖上锅盖，蒸 3 分钟。

用滤网舀起茶包，用大勺按压后取出（使用茶叶时要过滤除去）。

2

融化巧克力

将步骤 1 的材料中火加热，再次沸腾后离火，放入提前准备的1（牛奶）。晃动锅，使巧克力混合均匀，静置 1 分钟。

用橡皮刮刀进行**O**字搅拌法，慢慢搅拌到出现光泽。

冷藏1小时

3 冷藏凝固

倒入提前准备的**2**，用橡皮刮刀整平，以方便等分，盖上保鲜膜，冷藏 1 小时。

4 等分后放凉

脱模后放在案板上，撕下油纸。

用刀切成 25 等份。

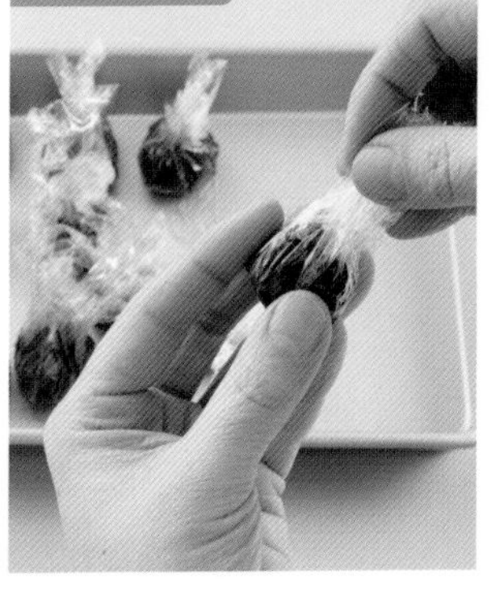

各自用小保鲜膜包裹，揉圆后继续冷藏 30 分钟。中途参考 P151~152 的“干果果仁巧克力”的步骤 1~3，将淋面用板状巧克力调温。

淋面

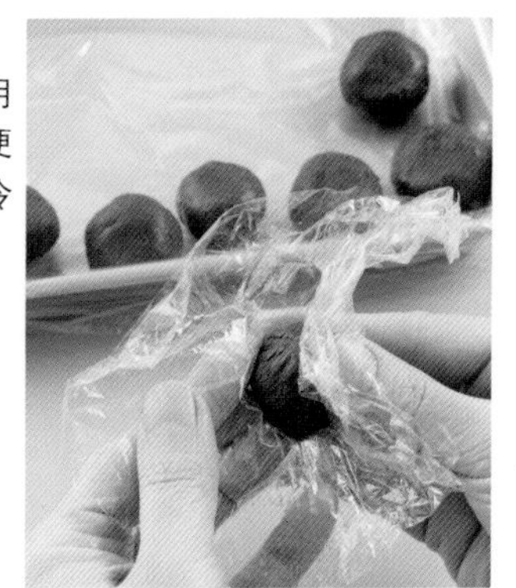

5 抹平表面的巧克力

淋面 5 分钟前，将步骤 4 的材料从冰箱中取出，室温下回温，用手指抹平表面。

6 淋上巧克力

将步骤 5 的材料用叉子叉住，浸入淋面的巧克力，完全裹住后，用碗边缘刮下多余巧克力。

将巧克力放在油纸上，每次裹好 1~2 个。

稍微晾干后，用叉子背部拉扯表面，拉出小角。静置到表面完全凝固。

> **诀窍**
>
> 如果巧克力没有完全覆盖住，生巧克力也会露出。检查是否被巧克力裹住。

白巧克力、抹茶

制作生巧克力（甘纳许）

1

搅拌抹茶、砂糖

小锅内放入抹茶、砂糖，用橡皮刮刀搅拌均匀，倒入分量内的水。

搅拌均匀，使抹茶融化。

2

搅拌淡奶油

一点点倒入淡奶油，每次都用**O**字搅拌法搅拌均匀。

搅拌均匀后，倒入大量淡奶油。

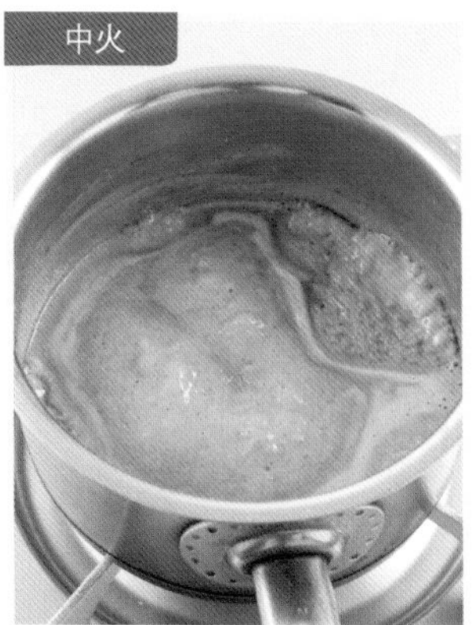

3

融化巧克力

将步骤 2 的材料中火加热，沸腾后关火。

放入提前准备的**1**（白巧克力），晃动锅，使其混合均匀，静置 1 分钟。

用橡皮刮刀进行**O**字搅拌法，慢慢搅拌到出现光泽。

4

凝固装饰

倒入提前准备的**2**，盖上保鲜膜，冷藏 1 小时。按照“巧克力、红茶”的步骤 4~6 的要点等分凝固，淋在白巧克力上。

里面绵润、口感厚重！

巧克力蛋糕

操作时间 ＊ **约1小时30分钟**
（冷藏时间除外）

保存期限 ＊ **冷藏3天**

真规子老师的建议

将蛋白霜和油脂较多的面糊搅拌均匀，要用力打发到有小角立起、搅拌到消泡。放上蕾丝模具，撒上糖粉，让成品更华丽。

材料	直径 15cm 圆形模具　1 个

- Ⓐ
  - 板状巧克力（黑巧克力）……………… 100g
  - 有盐黄油……………………………… 50g
  - 牛奶………………………………… 2 大勺
- Ⓑ
  - 蛋黄…………………… 2 个鸡蛋的量
  - 砂糖………………………………… 50g
- Ⓒ
  - 低筋面粉……………………………… 30g
  - 可可粉………………………………… 20g
- Ⓓ
  - 蛋白…………………… 2 个鸡蛋的量
  - 砂糖………………………………… 50g
- 糖粉………………………………………… 适量

提前准备

❶ 将板状巧克力切碎。将材料Ⓐ混合均匀，隔水加热融化。

❷ 将材料Ⓒ放入保鲜袋中混合均匀。

❸ 将油纸剪成合适大小，铺入模具中。

❹ 烤箱预热到 160℃。

制作面糊

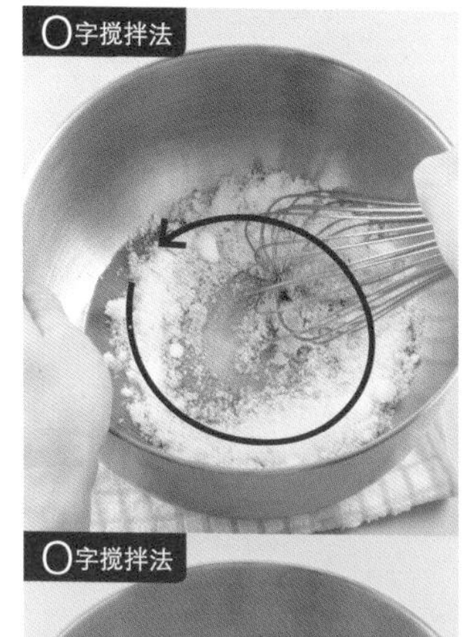

1 搅拌蛋黄和砂糖

将材料Ⓑ的蛋黄打散，放入砂糖，用打蛋器进行**O**字搅拌法搅拌。

用**O**字搅拌法搅拌到混入空气、颜色发白。

2 搅拌巧克力

放入提前准备的❶。

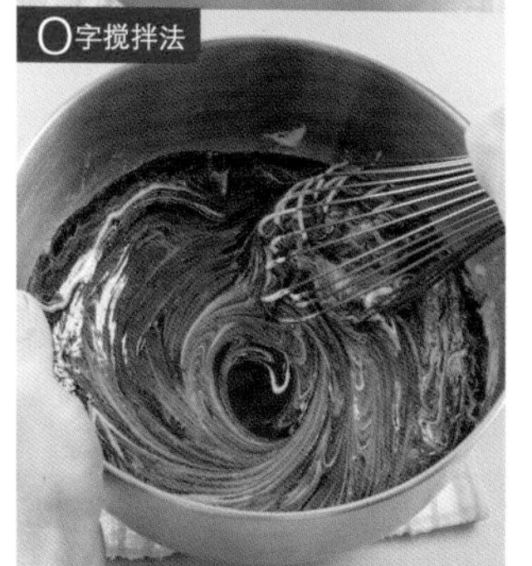

用打蛋器转圈搅拌。

低速15秒→中速30秒→中速30秒

3

制作蛋白霜

另取一碗放入材料Ⓓ的蛋白，打散后低速打发约 15 秒，打出粗泡。放入 1/3 砂糖，中速打发约 30 秒，打发出细腻的泡沫。放入剩余的 1/2 细砂糖，打发约 30 秒，打出略有小角立起。

中速1分钟~1分30秒

放入剩余砂糖，继续打发 1 分钟 ~1 分 30 秒，制作有小角立起的蛋白霜。

4

放入 1/3 蛋白霜搅拌

在步骤 2 的材料内放入 1/3 的步骤 3 的蛋白霜。

诀窍

油脂较多的面糊内放入粉类会变得黏稠，所以要先放入少量蛋白霜。

这里开始用**J** 字搅拌法，用橡皮刮刀均匀切拌。

5

搅拌粉类

将提前准备的**2**过筛放入，搅拌到没有生粉。

6

搅拌剩余的蛋白霜

用电动打蛋器的搅拌棒重新打发剩余蛋白霜，整理纹路后放入碗中，搅拌均匀。

烘烤面糊

7

倒入模具中烘烤

将提前准备的**3**倒入模具中。放入烤箱烘烤 45~50 分钟。

烘烤完毕后立刻从约 10cm 高的位置磕下，以免蛋糕回缩。脱模，放在蛋糕架上完全放凉。放上蕾丝模具，撒上糖粉。

阶段6

经典日式糕点

水羊羹、樱饼、温泉馒头……

制作日式糕点的基础就是红豆馅。

制作红豆馅使用凉开水，需要去涩等特殊的手法，

请按照步骤图片认真操作。

也要学习糯米粉和粳米粉的处理方法。

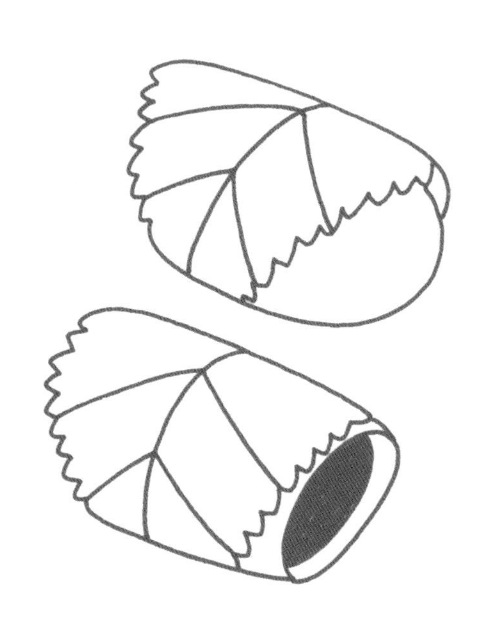

超受欢迎的光滑软糯的团子！

红豆糯米团子

操作时间 * **约3小时**
（用水浸泡红豆时间、放凉时间除外）

保存期限 * **红豆馅：冷藏5天、冷冻2周**
糯米团子：常温1天

真规子老师的建议

首先制作基础红豆馅。手工制作的红豆馅味道更美味。可以冷冻保存，所以建议做好备用。

材料	4~5 人份

【基础红豆馅（方便制作的量）850g】

红豆（干燥）………………………………… 300g

砂糖……………………………………………… 300g

盐………………………………………………… 2 撮

【糯米团子】

糯米粉…………………………………………… 100g

砂糖…………………………………………… 1 大勺

水………………………………………… 80~90mL

【勾芡】

※ 放凉食用时。

基础红豆馅…………………………………… 200g

※ 趁热食用时。

Ⓐ
- 基础红豆馅………………………………… 200g
- 水…………………………………… 1/4~1/3 杯
- 盐………………………………………… 2 撮
- 砂糖…………………………… 1 大勺 ~ 喜欢的量

材料比例

●基础红豆馅 红豆：砂糖 =1：1

迷你专栏

制作日式糕点的豆类

制作日式糕点使用多种豆类。首先，最先想到的是红豆。在日本，自古以来红豆就有辟邪的说法，在节日时还有使用红豆或者豇豆做红豆饭的习俗。红豆是豆科一年生草本植物，原产于东亚。日本产的红豆大多产自北海道。白豆馅比红豆馅略带清香，由白芸豆、白小豆、白花豆等做成。也有白豆馅放入味噌后做成味噌豆馅、放入柚子的柚子豆馅等。绿豆做成绿豆馅，红豆做成豆大福、豆罐、蜜豆等。

制作基础红豆馅

1 用水浸泡红豆

将红豆放入笊篱中，浸入碗内，倒入水清洗，用足量的水浸泡1小时。

2 煮红豆

滤去水分，倒入直径约20cm 的锅内，倒入4杯水，大火加热，煮沸后倒入1杯水。

诀窍

倒入凉开水，降低煮汁的温度，让豆子更容易被水分浸透。

煮2分钟

3 放在笊篱上

再次煮沸，煮2分钟后放在笊篱上，用水清洗。

诀窍

去涩就是去除红豆的苦涩成分。

继续煮2分钟

慢慢变大

4 再次煮沸

锅内倒入4杯水，大火加热，煮沸后倒入1杯水。再次煮2分钟，煮沸后放在笊篱上。这里是豆子完全煮软的状态。

5

煮沸

倒回锅内，再倒入 6 杯水，中火加热，煮沸后小火煮 40~50 分钟。中途倒入凉水，表面接触空气（1 杯 ×2 次）。

中途出现浮沫的话撇去。

煮到用食指能压碎豆子（或者拇指和食指捏碎）时就煮好了。放在笊篱上滤去煮汁。

6

搅拌砂糖

将步骤 5 的红豆倒回锅内，放入砂糖，粗略搅拌。

7

煮沸

中火加热，煮沸后边用略小的中火煮 12~15 分钟，边不断搅拌，以免煮焦。

用手感知重量，煮到舀起后慢慢落下的硬度。冷却会凝固，所以要煮到柔软。煮熟的重量为 800~850g。

8

搅拌盐

放入盐搅拌，关火。

诀窍

用少量盐来凸显甜度。

9

放凉

放入保存袋中整平，挤出空气后放凉。尽量静置半天以上，稳定甜度。

诀窍

放在阴凉处（或者冰箱）保存。静置让甜度变得醇厚。

制作糯米团子

10

搅拌面粉

碗内放入糯米粉，用汤勺背部搅碎。

11

搅拌砂糖

放入砂糖，用汤勺搅拌均匀。

12

揉捏粉类

将分量内的水一点点放入，用手搅拌。

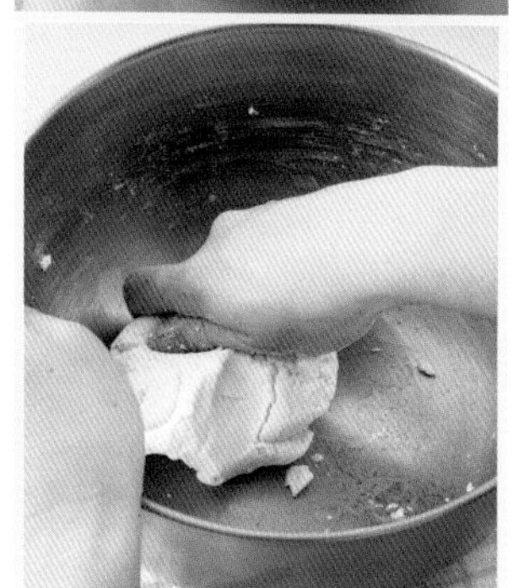

用力揉捏，揉成柔软的黏土状。

揉捏到出现黏性，做成表面光滑的团子。

煮熟

13

整成圆形

放在案板上，等分后揉成棒状，切成 24 等份。

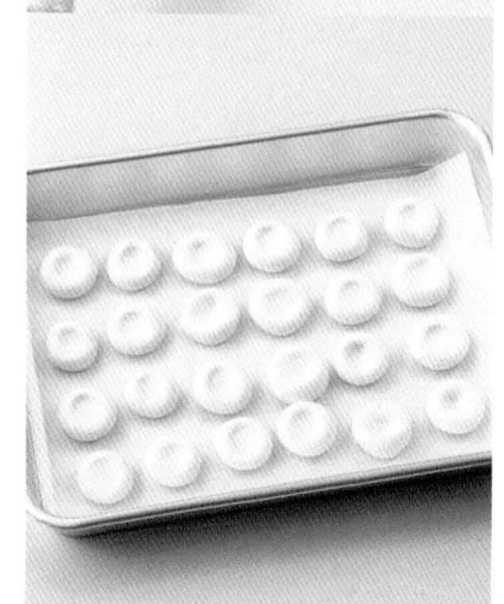

轻轻揉圆，中间按压出凹陷，摆在铺入油纸的方盘上。

14

煮熟团子

锅内倒入足量的热水，放入步骤 13 的团子，轻轻搅拌，煮2~3分钟，将团子煮到清亮通透、浮在水面。

放入凉水中，放凉。滤去水分盛盘，将基础红豆馅轻轻揉碎后放在上面。加热食用时，小锅内放入Ⓐ的材料，略煮一下浇在上面。

清凉的夏季日式糕点！

水羊羹

真规子老师的建议

操作时间 ＊ **约4小时**
（浸泡红豆时间、放凉时间、琼脂丝浸泡时间、冷藏时间除外）

保存期限 ＊ **冷藏3天**

虽然和基础红豆馅相同，但红豆沙是之后继续过滤且滤去水分制成。虽然需要时间，但做出的成品质地顺滑、味道浓郁。

材料	15cm 长的羊羹模具　1 个

【基础红豆沙（方便制作的量）700g】

红豆（干燥）……………………………300g

砂糖………………………………………300g

水………………………………………1/2 杯

盐…………………………………………2 撮

【水羊羹】

琼脂丝…………………………………1/2 根

或者琼脂粉 4g。

基础红豆沙……………………………400g

砂糖………………………………………100g

盐………………………………………少量

水…………………………………………2 杯

迷你专栏

日本各地的羊羹

羊羹的源头可以追溯到中华料理的“羹”。最初正如字面意思，是将羊肉连同汤汁一起制作而成。据说，当时日本人并不喜欢吃肉，开始用面粉、红豆和羊肉揉匀制作。现在的羊羹是江户时代发现琼脂之后做成的。代表性的品种是“小仓”“栗”，也有“盐”“麦”“芋”等多种种类。另外，羊羹的地方特色浓郁，有因献给爱知县的尾张的统治者而得名，叫做“贡品羊羹”，也有放入北海道或者青森县的海带的“海带羊羹”，种类很多，但都非常出名。

制作基础红豆沙

1 将红豆煮软

按照 P167 的基础红豆馅的步骤 1~4 的要点将红豆煮软。倒回锅内，再倒入 6~7 杯水，中火加热，煮沸后转小火煮 60~70 分钟，按照红豆馅的步骤 5 的要点煮到用食指压碎的程度。

2 过筛红豆

将步骤 1 的红豆用滤网一点点过筛放入，边倒水（分量外），边用大勺用力过筛。

诀窍

用力过筛到只残留红豆表皮的程度。

3 沉淀红豆沙

红豆沙继续倒入足量的水，静置 1 小时以上，等待沉淀。

诀窍

倒入足量的水，经过沉淀后，去除红豆沙的异味。

用大勺舀出约 1/4 的汤汁，倒掉。

4

过筛

碗底叠加上笊篱，放上浸湿的纱布，倒入步骤3的材料。

将纱布的边缘提起，挤出多余的水分，包住红豆沙，双手用力拧干（剩余550~600g）。

5

煮沸水、砂糖

锅内倒入分量内的水和砂糖，粗略搅拌。

6

分两次放入红豆沙搅拌

中火煮沸后，放入1/2步骤4的材料。

用橡皮刮刀搅拌均匀。

咕嘟咕嘟冒泡后，放入剩余红豆沙，边用略小的中火煮15~18分钟，边不断搅拌，以免煮焦。

7

煮熟放盐

用手感知重量，煮到舀起时慢慢落下的硬度。冷却会凝固，所以要煮到柔软（煮熟的重量为650~700g）。放盐搅拌均匀，关火。

8

放凉

放入保存袋中整平，挤出空气后放凉。尽量静置半天以上，稳定甜度。

制作水羊羹

9
将琼脂丝撕碎

将琼脂丝用足量的水浸泡 1 小时，滤去水分，撕碎。

10
融化琼脂

锅内放入撕碎的琼脂丝（或者琼脂粉）、分量内的水，中火加热。边搅拌边煮到沸腾，继续煮 2 分钟关火。

诀窍

沸腾后继续煮 2 分钟，将琼脂煮到完全融化。

11
搅拌砂糖

放入砂糖搅拌融化。

用滤网过滤，倒回锅内（使用琼脂粉时无需过滤）。

12
搅拌红豆馅

放入基础红豆沙，中火加热，慢慢搅拌融化。

再次煮沸后放盐，关火，锅底放上冰水，搅拌到黏稠，放凉。

诀窍

由热到凉需要时间，红豆馅沉底，形成两层。

冷藏凝固

13
倒入羊羹模具，放凉

倒入羊羹模具，冷藏凝固 2 小时以上。

14
切成方便食用的大小

凝固后取出，切成方便食用的大小。

材料	15cm 长的羊羹模具　1 个

基础红豆馅（参考 P167）…… 400g

Ⓐ 低筋面粉…… 60g
　 淀粉…… 20g

砂糖…… 120g

盐…… 1 撮

水…… 3/4 杯

甘露煮栗子…… 12 个

提前准备

1 将甘露煮栗子擦去水分，6 个对半切开（左边），剩余的切成 4 等份（右边，图 a）。
2 将油纸剪成合适大小，铺入羊羹模中。
3 将 A 放入保鲜袋中混合均匀备用。
4 蒸锅下层倒入热水煮沸，锅盖用抹布包裹，以免水滴滴落。

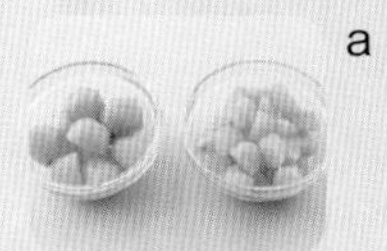
a

香甜的栗子适合搭配红豆馅

蒸羊羹

操作时间 ＊ **约1小时30分钟**
保存期限 ＊ **冷藏5天**

真规子老师的建议

红豆馅内放入粉类，不使用橡皮刮刀，用手搅拌均匀后，做出劲道的口感。另外，要先将粉类混合均匀，避免水分分离。

搅拌材料

1

搅拌粉类

碗内放入红豆馅，将提前准备的3过筛放入，用手搅拌均匀。

2

搅拌砂糖、盐、水

放入砂糖、盐、水，用橡皮刮刀进行O字搅拌法，搅拌均匀。

3

搅拌栗子

放入切成4等份的栗子，搅拌均匀。

蒸熟

4

倒入羊羹模具，蒸煮

倒入提前准备的2。

放入提前准备的4水蒸气弥漫的蒸锅内，盖上锅盖，中火蒸40分钟。

5

嵌入栗子

用木铲平整表面，使表面黏稠。

嵌入对半切开的栗子。盖上锅盖，继续蒸10~15分钟，蒸到表面湿润、用手触碰不发黏就可以了。

> **诀窍**
> 开始放入栗子容易沉底，要在此时放入。

6

放凉

蒸熟后从方盘中取出，放在浸湿的纱布上，静置放凉。放凉后脱模，切成方便食用的大小。

材料	8个

粳米粉	100g
糯米粉	20g
黑砂糖	80g
Ⓐ 酱油	1小勺
Ⓐ 水	120mL
生核桃	30g
Ⓑ 黄豆粉	6大勺（30g）
Ⓑ 黑砂糖	1大勺

提前准备

1 将核桃放入平底锅内炒约5分钟，切粗末。
2 碗内放入粳米粉，用汤勺背部压碎。
3 材料Ⓐ和Ⓑ各自混合均匀。
4 黑砂糖颗粒较粗，用汤勺背部轻轻压碎。
5 蒸锅下层倒入热水煮沸，锅盖用抹布包裹，以免水滴滴落。

口感筋道的年糕搭配核桃！

核桃年糕

操作时间 ＊ **约50分钟**
保存期限 ＊ **常温2天**

真规子老师的建议

粳米粉内放入糯米粉，做成味道浓郁的年糕。黑砂糖不仅有令人熟悉的味道，还有将2种粉类融合的作用。如果凝固，用微波炉加热变软。

搅拌材料

1 搅拌粉类

放入提前准备的2、黑砂糖和粳米粉，用橡皮刮刀搅拌均匀。

2 搅拌酱油、水

倒入提前准备的3的材料Ⓐ，搅拌均匀。

3 搅拌核桃

放入提前准备的1的核桃，搅拌均匀。

蒸熟

4 和碗一起蒸熟

和碗一起放入提前准备的5的水蒸气弥漫的蒸锅，盖上锅盖，中火蒸30分钟。

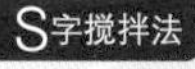

5 揉匀

蒸熟后用浸湿的木铲上下翻拌，用**S**字搅拌法搅拌揉匀。

> **诀窍**
> 揉匀后出现黏性，放凉也很难凝固。

6 撒上黄豆粉

方盘内铺上一半提前准备的3的材料Ⓑ，这里放上步骤 5 的材料，撒上剩余的材料Ⓑ。

整理成 10cm × 12cm 的形状，放凉。

7 切成方便食用的大小

用刀切成 8 等份，切面撒上步骤 6 中多余的黄豆粉，整形。

烤出焦黄色更加美味！

铜锣烧

材料	6个

低筋面粉……100g
鸡蛋……2个
砂糖……80g
味醂（日本一种类似米酒的调味料）……2小勺
Ⓐ 苏打粉……1/3小勺
Ⓐ 水……1/2小勺
色拉油……适量
有盐黄油……10g
基础红豆馅（参考P167）……150~180g

提前准备

1. 将材料Ⓐ的苏打粉用分量内的水搅拌均匀。
2. 黄油隔水融化。
3. 操作30分钟前将鸡蛋从冰箱中取出，室温下静置回温。
4. 将基础红豆馅分成6等份。

操作时间 * **约30分钟**
（静置面糊时间除外）

保存期限 * **常温2天**

真规子老师的建议

粉类较多，面糊容易煎焦，注意用小火煎。放凉后盖上保鲜膜，以免面糊干燥，因水蒸气受热变软。这里要掌握苏打粉的用法。

搅拌材料

1

搅拌鸡蛋和砂糖

碗内放入鸡蛋打散，放入砂糖，用打蛋器进行**O**字搅拌法，打发约 2 分钟，打发到表面布满气泡。

2

搅拌味醂、苏打粉

边放入味醂、提前准备**1**，边用手指搅拌均匀。

> **诀窍**
> 苏打粉难以用水融化，和水一起放入，做成水溶淀粉的感觉。

3

搅拌粉类

低筋面粉过筛放入，这里用**J** 字搅拌法搅拌。

4

搅拌黄油

搅拌到略有生粉后放入提前准备**2**，搅拌均匀。盖上保鲜膜，室温下静置 30 分钟 ~1 小时。

> **诀窍**
> 静置面糊让苏打粉稳定，使面糊漂亮地膨胀开。

烘烤面糊

5

倒入面糊烘烤

平底锅中火加热，用浸有色拉油的厨房纸薄薄擦拭。

将平底锅放在浸湿的抹布上静置 10 秒，放凉，用大勺粗略搅拌面糊，每次煎 2 片。每片倒入满满 1 大勺的面糊（自然倒出圆形）。

小火煎 4~5 分钟，表面凹凸不平后翻面，继续煎 1~2 分钟。每次煎 2 片。

6

夹上红豆馅

方盘铺入油纸，将焦黄色的一面朝上放置。略微放凉，趁温热用橡皮刮刀将提前准备**4**的红豆馅抹在上面，用保鲜膜包裹后静置。

材料	10个

年糕条…………………………………… 300g
砂糖…………………………………… 40g
水饴…………………………………… 40g
盐…………………………………… 1撮
基础红豆馅（参考P167）………………… 400g
淀粉…………………………………… 适量

提前准备

1 将年糕条切成4等份。
2 红豆馅揉成10等份，用厨房纸等轻轻擦去水分。

质地柔软、味道香甜！

大福

真规子老师的建议

将市售年糕搅成软糯的状态，做成外皮。包裹红豆馅时，旁边放上浸湿的抹布，将手指擦干净，以免弄脏白色的年糕。

操作时间 ＊ **约40分钟**
保存期限 ＊ **常温2天**

制作外皮

1

煮年糕

在直径约 20cm 的锅内倒入足量的热水煮沸，放入提前准备1的年糕，煮 4 分钟，年糕浮到水面。

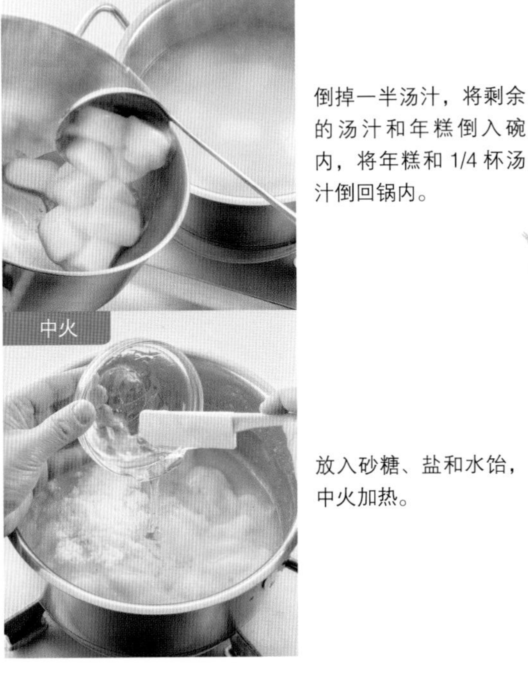

倒掉一半汤汁，将剩余的汤汁和年糕倒入碗内，将年糕和 1/4 杯汤汁倒回锅内。

放入砂糖、盐和水饴，中火加热。

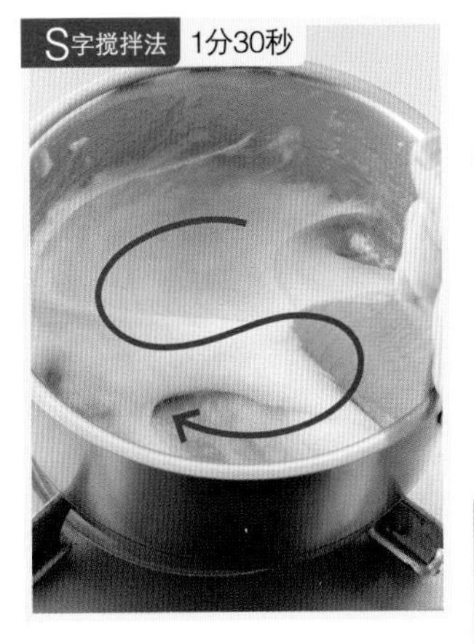

2

搅拌年糕

用木铲进行**S**字搅拌法，搅拌均匀。搅拌约 1 分 30 秒后，提起木铲，年糕不会断裂、有弹性。

诀窍

用 O 字搅拌法会使年糕溅到周围，要用 S 字搅拌法搅拌均匀。

包裹红豆馅

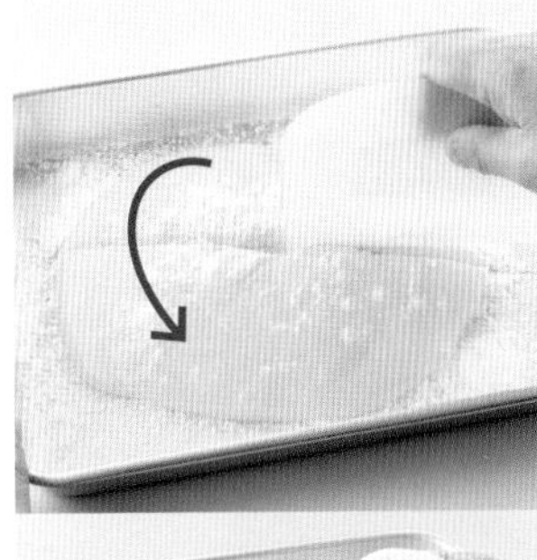

3

撕碎后揉圆

方盘铺上淀粉，放上步骤 2 的年糕，继续撒上淀粉包裹住，对半切开后叠加。如果过于柔软难以处理，再重复一次“撒上淀粉后对半切开、叠加”这个动作，做出像耳垂般均匀柔软的状态。趁热从一边撕成 10 等份。

将手掌张开，放上提前准备2，将年糕拉伸后包住，接口处轻轻蘸上水分揉圆。

只需切开放置，非常可爱！

草莓大福

材料	10 个

大福材料　草莓……10 粒

操作时间 * **约40分钟**　保存期限 * **常温1天**

提前准备

和大福的提前准备1 ~2相同。将草莓去蒂，洗净后擦干水分。

做法

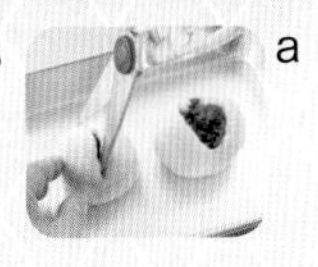

1. 按照大福的步骤 1~3 的要点制作。
2. 用剪刀剪开上半部分（图 a），开口放上草莓。

重阳时节众人享用！

柏叶饼

材料	10个

粳米粉……200g
热水……1杯
砂糖……40g
淀粉……20g
基础红豆馅（或者红豆沙）……200g
（参考P167、P171）
柏叶……10片

提前准备

1 将柏叶用热水煮10分钟，放在凉水中。

2 将红豆馅（或者红豆沙）分成10等份后揉圆，用厨房纸轻轻擦去表面水分。

3 蒸锅下层倒入热水煮沸，用抹布盖在锅盖上，以免水滴滴落。

操作时间 ＊ **约1小时30分钟**
保存期限 ＊ **常温1天**

真规子老师的建议

将粳米粉搅拌均匀，为了避免夹生，关键在于要完全蒸熟。放入淀粉不是让糕点更柔软，而是为了让口感更好。

制作外皮

1

搅拌粳米粉

粳米粉内倒入热水，用长筷子转圈搅拌。

搅拌到没有水分后，用力揉捏到顺滑。

> **诀窍**
> 倒入热水后搅拌均匀，用力揉捏出黏性。

2

整平后蒸熟

分成 4 等份后整平。提前准备**3**的蒸锅铺上被水浸湿的纱布，放在上面，盖上锅盖，中火蒸 30 分钟。

3

放凉

放入水中，放凉。

4

继续搅拌均匀

擦去表面的水分，放入碗内，放入砂糖和淀粉，继续用手搅拌均匀。

包裹红豆馅

5

擀成椭圆

将步骤 4 的材料揉匀，揉成 10cm×16cm 的海参状，切成 10 等份。

> **诀窍**
> 拉伸成海参状后切开，擀成椭圆形状。

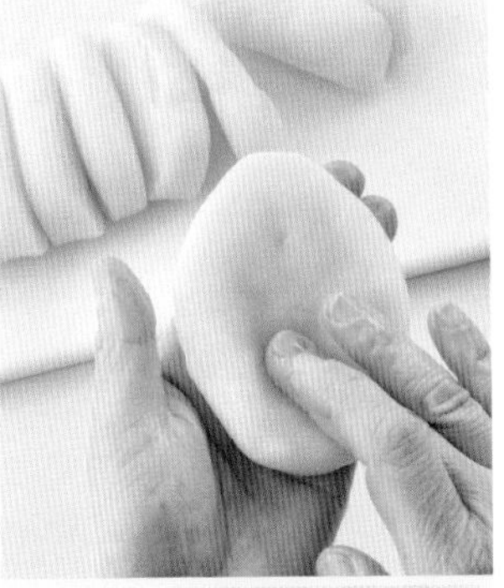

擀成 6cm×10cm 的椭圆形，中间按压出凹陷。

在凹陷的地方放上提前准备**2**，包好。

> **诀窍**
> 中间按压出凹陷，边缘略厚的话，包馅时容易涨开。

6

用柏叶包裹，蒸熟

将提前准备**1**擦去水分，包上糯米饼。蒸锅铺上被水浸湿的纱布，放在上面，盖上锅盖，中火蒸 5 分钟。

道明寺粉的关西风味和用薄皮包裹的关东风味！

樱饼

关西风味

关东风味

真规子老师的建议

道明寺粉和温水混合后蒸熟，吸收水分。煎薄皮的关键在于不要煎焦。上色时容易倒入过多颜色，要注意食用色素的用法。

操作时间 ＊ **各约1小时**

保存期限 ＊ **常温2天**

材料	各 8 个

【关西风味】

基础红豆馅（参考 P167）…………………… 200g
道明寺粉…………………………………………… 150g
温水…………………………………………… 140mL
砂糖…………………………………………… 30g
食用色素（红色）……………………………… 1 撮
盐渍樱叶…………………………………………… 8 片

【关东风味】

基础红豆沙（参考 P171）…………………… 200g
糯米粉…………………………………………… 30g
水…………………………………………… 120mL
Ⓐ 低筋面粉…………………………………… 50g
　 砂糖…………………………………………… 20g
色拉油…………………………………………… 适量
食用色素（红色）……………………………… 1 撮
盐渍樱叶…………………………………………… 8 片

提前准备

1 将红豆馅、红豆沙各自分成 8 等份，整成椭圆形，用厨房纸轻轻擦去表面的水分。

2 将盐渍樱叶用水洗净后浸泡 2~3 小时，泡出盐分，擦去水分。

3 碗内放入糯米粉，用汤勺背部压碎。

4 食用色素和 1/2 小勺的水混合，使用竹签头搅拌融化。

5 蒸锅下层倒入热水煮沸，锅盖盖上抹布，以免水滴滴落。

关西风味樱饼

制作外皮

1 将道明寺粉蒸熟

碗内放入道明寺粉，倒入温水（约 40℃），用橡皮刮刀粗略搅拌。

使用竹签头，边滴入 1~2 滴的提前准备**4**边观察状态，用橡皮刮刀搅拌上色。

继续盖上保鲜膜，蒸 10 分钟。

2 用蒸锅蒸熟

蒸锅上层铺上浸湿的抹布，放上步骤 1 的材料，放在水蒸气弥漫的提前准备**5**中，盖上锅盖，中火蒸 20 分钟。

3

搅拌砂糖

将步骤 2 的材料倒入碗内，放入砂糖。

用浸湿的木铲搅拌，将疙瘩搅碎。

诀窍

将道明寺粉内的疙瘩搅碎，搅拌出黏性。

包裹红豆馅

4

压成椭圆形

趁热分成 8 等份后揉圆。

在保鲜膜上（或者在浸湿的手掌上）压成直径 6cm × 8cm 的椭圆形。

5

包裹红豆馅，揉圆

将提前准备❶的红豆馅放在保鲜膜上或者手上，手蘸上水，翻折包好。

整成椭圆形。

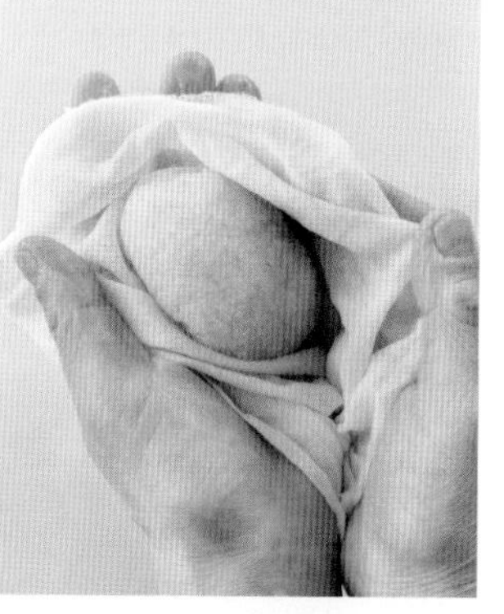

手发黏时难以揉圆，可以使用用水浸湿后拧干的纱布揉圆。

6

用樱叶包裹

用提前准备❷包好。

关东风味樱饼

制作薄皮

1
搅拌糯米粉

碗内放入提前准备❸，一点点放入分量内的水，用手揉匀。

2
搅拌低筋面粉、砂糖

将材料Ⓐ过筛放入，用橡皮刮刀进行O字搅拌法，搅拌均匀，用滤网过滤。

3
上色

使用竹签头，边滴入1~2滴提前准备❹边观察状态，用橡皮刮刀搅拌上色。

4
静置面糊

盖上保鲜膜，室温下静置30分钟以上。

诀窍

为了让糯米粉和低筋面粉揉匀，这里要静置约30分钟。

包裹红豆沙

5
煎薄皮

平底锅中火加热，用浸有色拉油的厨房纸薄薄擦拭，放在浸湿的抹布上静置10秒，放凉。将约2大勺的面糊倒出6cm×12cm的椭圆形。

一次煎2片。表面干燥后，翻面继续煎。注意不要煎焦。关火，继续上下翻面。

将提前准备❶的红豆沙放在平底锅上，注意不要烫伤，慢慢卷起（太热的话可以用筷子卷起）。

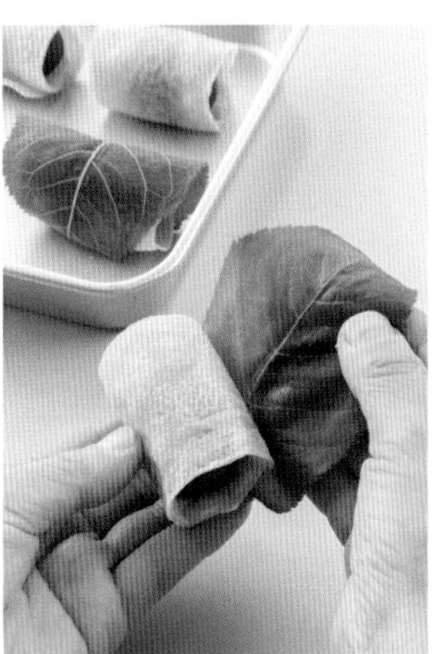

6
用樱叶包裹

放入方盘中，放凉后用提前准备❷包裹卷起。

材料	10 个

黑砂糖…… 30g
水…… 30mL
砂糖…… 30g
低筋面粉…… 100g
酱油…… 1 小勺
Ⓐ 苏打粉…… 1/3 小勺
Ⓐ 水…… 1 小勺
基础红豆馅（参考 P167）…… 250g

提前准备

1 将红豆馅分成 10 等份后揉圆，用厨房纸轻轻擦拭水分。
2 将材料Ⓐ的苏打粉用分量的水搅拌均匀。
3 黑砂糖颗粒较粗，用汤勺背部压碎。
4 准备 10 张 6cm 长的油纸。
5 蒸锅下层倒入热水煮沸，锅盖盖上抹布，以免水滴滴落。

味道浓郁的外皮适合搭配美味的红豆馅！

温泉馒头

操作时间 ＊ **约1小时**
（静置面团时间除外）

保存期限 ＊ **常温2天**

真规子老师的建议

关键是先将难以融化的黑砂糖加热。放入砂糖后，趁温热时放入酱油、苏打粉，搅拌均匀。注意随着时间推移，黑砂糖会凝固。

制作外皮

1

融化黑砂糖、砂糖

小锅内放入提前准备**3**和分量内的水，小火加热，黑砂糖融化后放入砂糖，倒入碗内，略微放凉。

2

搅拌酱油、苏打粉

趁步骤 1 的材料略温热时放入酱油，继续将提前准备**2**用手指搅拌均匀后放入，用橡皮刮刀进行**O**字搅拌法，搅拌均匀。

3

搅拌低筋面粉

低筋面粉过筛到步骤 2 的碗内，用**J** 字搅拌法搅拌均匀。盖上保鲜膜，室温下静置30分钟以上。

静置面团让苏打粉稳定。这里是水分较多的状态。

4

搅拌面团

方盘内铺入低筋面粉（分量外），拉伸后折叠，揉到像耳垂一样柔软的状态（揉匀重量为200g）。

包裹红豆馅蒸熟

5

将面团揉圆

将步骤 4 的面团拉伸成棒状，用刮板切成 10 等份，用手揉圆。

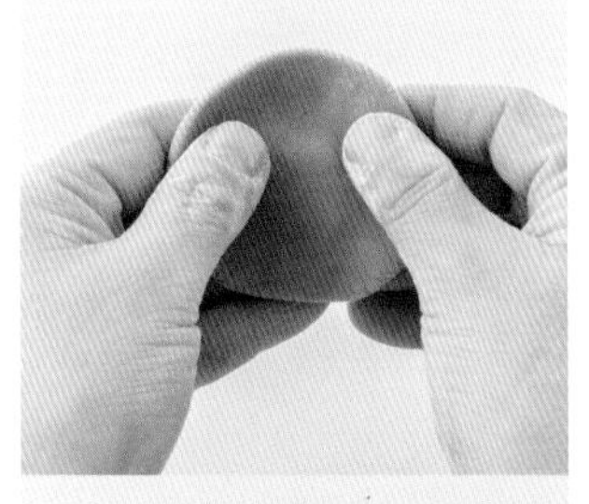

将面团在手掌上摊成直径6~7cm，中间略厚。

用刷子刷去多余粉类，放上提前准备**1**，捏起褶皱包裹。

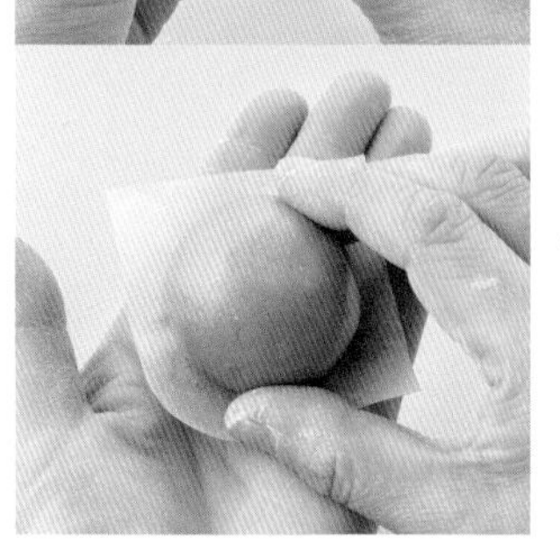

将收尾处朝下放置，粘上提前准备**4**的油纸。

6

放入蒸锅蒸熟

有间隔地将步骤 5 的材料摆在蒸锅上层，喷上水。放在水蒸气弥漫的提前准备**5**上，盖上锅盖，中火蒸 10 分钟。

材料	各 8 个

粳米………………………………… 180g
糯米………………………………… 90g
水………………………………… 300mL
砂糖………………………………… 10g
基础红豆馅（参考 P167）………… 400g
Ⓐ 黄豆粉………………………… 20g
Ⓐ 砂糖…………………………… 30g
Ⓐ 盐……………………………… 少量

提前准备

1 将红豆馅分成 300g 和 100g 两份，各自分成 8 等份后揉圆，用厨房纸轻轻擦拭表面的水分。

2 将材料Ⓐ放入方盘内，搅拌均匀。

春（秋）分时节的心意之作！

荻饼

操作时间 ＊ **约2小时**
（蒸米饭时间除外）

保存期限 ＊ **常温1天**

真规子老师的建议

粳米和糯米的比例是 2:1，食用方便，放入砂糖时更添黏性。趁米饭温热时捣碎制作。

用米制作米糊

1

蒸米饭

将粳米和糯米在蒸煮30分钟前一起放在笊篱上滤去水分，倒入分量内的水蒸煮。

2

搅拌砂糖捣碎

趁热倒入碗内，放入砂糖，用木铲（或者擀面棒）蘸上水（分量外）捣碎。

手蘸上水，揉匀。

整成椭圆形

3

将米饭分别揉匀

将步骤2的材料分成200g和300g，各自分成8等份后揉圆。

静置1小时

4

用米饭包裹红豆馅

将较大的米饭放在手掌上摊平，将提前准备1的较小的红豆馅作为内馅包圆。整成椭圆形，静置约1小时，使表面干燥。

5

撒上黄豆粉

方盘铺上提前准备2。

6

用红豆馅包裹米饭

将提前准备1的较大的红豆馅放在手掌上摊平，包裹上较小的米饭，整成椭圆形。

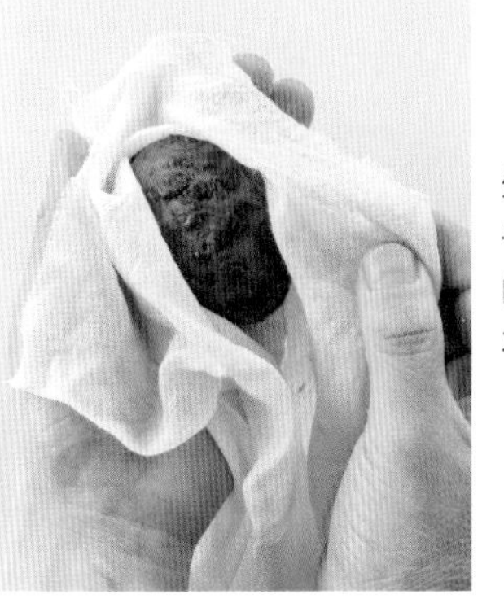

外侧的红豆馅容易粘手，用被水浸湿后拧干的纱布包裹，擦去多余水分。

TITLE: [おいしさのコツが一目でわかる　基本のお菓子]
BY: [小田真規子]

图书在版编目（CIP）数据

美味诀窍一目了然．甜点制作基础 /（日）小田真规子著；周小燕译．-- 南昌：红星电子音像出版社，2016.8

ISBN 978-7-83010-064-3

Ⅰ．①美… Ⅱ．①小… ②周… Ⅲ．①甜食 – 制作 Ⅳ．① TS972.116

中国版本图书馆 CIP 数据核字 (2016) 第 143331 号

责任编辑：黄成波
美术编辑：杨　蕾

美味诀窍一目了然——甜点制作基础
（日）小田真规子　著　　周小燕　译

策划制作：北京书锦缘咨询有限公司（www.booklink.com.cn）
总 策 划：陈　庆
策　　划：李　伟
设计制作：王　青

出版发行　红星电子音像出版社
地址　南昌市红谷滩新区红角洲岭口路 129 号
邮编：330038　电话：0791-86365613　86365618
印刷　江西华奥印务有限责任公司
经销　各地新华书店
开本　185mm × 260mm　1/16
字数　60 千字
印张　13
版次　2017 年 1 月第 1 版　2017 年 1 月第 1 次印刷
书号　ISBN 978-7-83010-064-3
定价　49.80 元

赣版权登字 14-2016-0273